del Amo

Die neue Spaßschule für Hunde

spielen, tricksen, clickern

3., aktualisierte Auflage

Ulmer

Mit der richtigen Trainingsanleitung kommt das Potenzial Ihres Hundes voll zur Geltung!

Das steckt im Buch

Teamwork 7

Tipps für ein gutes Gelingen 9

Vor dem Start 10
Trainingsatmosphäre 11
Mit kleinen Schritten ans Ziel kommen 12
Fehler vermeiden 14
Trainingszeit 15
Freie Zeit 15
Die tägliche Trainingsroutine 15

Trainingsmethoden 16
Klassische Konditionierung 18
Instrumentelle Konditionierung 18
Längere Verhaltensketten formen 19
Einsatz von Belohnungen 20
Ignorieren als Methode 23
Festigung von Verhalten 23
Signale aufbauen 24
Regeln für den Einsatz von Signalen 25

Durch die Umsetzung von ein paar einfachen Regeln im Alltag wird das Zusammenleben erheblich vereinfacht.

Neue Herausforderungen ohne Stress und Zwang meistern – gleichwohl aus welcher Sparte!

Grundregeln für den Alltag 27

Sozialspiel und Kontakte mit dem Menschen 28
Spiel mit Objekten 30
Futter als Lohn und Motivationshilfe 32
Hohe Erregungslagen 34

Grundübungen 37

Lobwort und / oder Clicker 38
Kontrollkommando 40
Aufbau eines Targets 42
Ruhepol 44
Zu mir 46
Rückruf auf Sichtzeichen 48
Mach schnell! 49
Voraus 50
Runter 52

Im modernen Hundetraining werden die Emotionen des Hundes berücksichtigt. Lernen macht dann wirklich Spaß!

Beinarbeit 55

Grundposition 56
Fußlaufen 60
Hüpfen 62
Rückwärts Fußlaufen 64
Spiegel 66
Krabbengang 68
Mitte und Zwischen 70
Zurück 72
Schleife 74
Spanischer Schritt 76
Beineslalom 78
Rückwärtsslalom 80

Handarbeit 83

Pfote 84
High Five 86
Bitte 88
Winken 89
Elegant 90
Goldgräber 92
Wütender Stier 93
Schäm dich! 94
Handwerkstalent 96

Je nach Kulisse kann eine Übung ein Kunststück oder nur ein Element aus dem Grundgehorsam sein.

Den eigenen Körper zu kennen, vermittelt Sicherheit. Tricktraining dient daher mehr als nur der Show.

Turnübungen und Tricks 99

Drehen 100
Umrunden 102
Rückwärts Umrunden 104
Rückwärts durch die Beine 106
Peng! 108
Rolle 110
Kriechen 112
Diener 114
Tanzen und Auf 116
Männchen 118
Schnauzen-Gags 120

Service 123

Teamwork

Sie möchten mit Ihrem Hund zusammen Spaß haben und ihn nebenbei auch noch sinnvoll beschäftigen? Dann haben Sie sich mit diesem Buch richtig entschieden – ob Tricks, Kunststücke, Spaß- oder auch Basisübungen, hier ist wirklich für jeden etwas dabei.
Ihr Hund hat ganz spezielle Eigenschaften und Talente. Hier finden Sie immer eine Trainingsherausforderung, die zu seinen individuellen Bedingungen passt. Die Übungen selbst können Sie beliebig abwandeln, anpassen oder erweitern.
Für Hunde ist es im Training extrem wichtig, dass sie sich „sicher" fühlen. Wenn wir im Training auf Strafe und mentalen Druck verzichten, helfen wir ihnen, besser zu lernen. Am besten über einen Übungsaufbau in kleinen Schritten: Dieser ist nicht nur der „nebenwirkungsfreieste", sondern durch die strikte Vermeidung von Fehlern auch der schnellste. Wie Sie hierfür am besten vorgehen, erfahren Sie in den folgenden Kapiteln.

Das Training der im Buch vorgestellten Spaßübungen & Co. macht daher mit allen Hunden unglaublich viel Freude. Und das Tolle daran ist, dass Sie und Ihr Vierbeiner im Team mit einer perfekt trainierten Übung auch noch andere Menschen begeistern können.

Ich wünsche Ihnen und Ihrem Hund viel Spaß beim gemeinsamen Üben!

Celina del Amo

Auf einen Blick

Wie schwierig ist die Übung umzusetzen?

- einfach
- mittel
- anspruchsvoll

Tipps für ein gutes Gelingen

Gute Planung ist die halbe Miete, um ohne Stress schnelle und nachhaltige Trainingserfolge zu erzielen. Der Trainingsstart (die Planung) liegt in Menschenhand. Der Hund ist der ausführende Teampartner, der aber trotz alledem stets in idealer Art angeleitet werden sollte!

Vor dem Start

Durch eine gute Trainingsplanung können Sie viele frustrierende Umwege effektiv vermeiden. Zuerst müssen also Sie selbst ran, bevor Ihr Hund zum Akteur wird.

Bevor Sie starten, überdenken Sie stets, auf welche Art und Weise Sie dem Hund eine konkrete Übung vermitteln möchten und ob dieses Vorgehen für ihn wirklich der einfachste Weg ist.

> Welche Lernschritte können Sie definieren?
> Welche Methoden wollen Sie einsetzen?
> Trainieren Sie lieber mit oder ohne Lockmittel?

- Wollen Sie den Clicker als Sekundärverstärker (s. Seite 16) im Übungsaufbau einbinden?
- Möchten Sie Trainingshilfsmittel wie beispielsweise ein Targetobjekt einsetzen?
- Welche Belohnung eignet sich für die Übung?
- Haben Sie alles parat? Dann kann es gleich losgehen!

Trainingsatmosphäre

Modernes Hundetraining basiert auf wissenschaftlichen Grundlagen. Ein Aspekt, der immer stärker Berücksichtigung findet, ist der emotionale Bezug im Lernprozess. Wer Spaß beim Lernen hat, lernt in der Regel leichter – und das gilt nicht nur für uns Zweibeiner. Darum ist die Trainingsatmosphäre ebenfalls ein wichtiges Erfolgskriterium.

- Das Training sollte Ihnen und Ihrem Hund gleichermaßen Spaß machen.
- Üben Sie nur, wenn Sie gute Laune haben!
- Benutzen Sie moderne und auf positiver Verstärkung aufbauende Trainingsmethoden.
- Bewahren Sie Ihre Geduld!
- Verzichten Sie darauf, mentalen Druck auf Ihren Hund auszuüben, wenn etwas einmal nicht nach Plan läuft. „Schlagen" Sie Ihren Hund lieber mit Hundepsychologie, wenn es die Situation erfordert, und überdenken Sie den Trainingsansatz.
- Vermeiden Sie den Einsatz von körperlicher Bedrohung oder lassen Sie unvermeidbare Drohelemente (wie beispielsweise Nähe oder bestimmte Bewegungen von oben) durch Vorübungen für Ihren Hund zu einem positiven Schlüsselreiz werden.

Belohnungsbasiertes Training macht Hunden riesigen Spaß.

- Passen Sie das Maß der Ablenkungen aus der Umgebung dem Können Ihres Hundes an. Für Trainingsanfänger ist eine ruhige und ablenkungsfreie Arbeitssituation ideal.
- Schalten Sie im Übungsaufbau auch andere vermeidbare Stressoren für Ihren Hund konsequent aus, beispielsweise Durst, Kälte, Erschöpfung oder die dringende Not, sich versäubern zu wollen.
- Bedenken Sie, dass Überforderung und Missverständnisse schnell zu Unsicherheit auf Hundeseite führen. Wenn Ihr Hund nicht sicher weiß, was zu tun ist, ist die Wahrscheinlichkeit groß, dass das Training schiefläuft. Unerwünschtes Verhalten, das der Hund in diesen Momenten zeigt, ist stressgesteuert. Unter der Einwirkung von starkem Stress sind aber, auch in anderen Situationen, keine guten Ergebnisse zu erzielen.
- Beenden Sie alle Übungssequenzen stets in freundlich-ausgeglichener Art. Lassen Sie dem Training entspannende Handlungen wie Dösen oder eine stressfreie Schnüffelrunde folgen, um eine optimale Abspeicherung der Lerninhalte zu gewährleisten.

Mit kleinen Schritten schnell ans Ziel kommen

Wenn einige Grundregeln bei der Übungsgestaltung berücksichtigt werden, steht einem schnellen Trainingserfolg nichts (mehr) im Weg. Ein leider allzu häufig begangener Fehler ist die Wahl eines zu großen Trainingsschritts. Die Unterteilung der Übung in möglichst viele, jeweils nur winzige Trainingsschritte ist hingegen ideal, denn sie ermöglicht ein fehlerfreies Lernen.

Vorteile der Umsetzung eines kleinschrittigen Trainingsplans:

- Der Hund ist nie im Zweifel, ob er auf dem richtigen Weg ist.
- Er heimst diverse Belohnungen ein, was seine Arbeitsfreude steigert.
- Seine Umsetzungskompetenz in den einzelnen Zwischenschritten wird gestärkt, was bedeutet, dass er in den Handlungsabläufen immer sicherer wird.
- Er fühlt sich von Ihnen kompetent angeleitet und „verstanden“ – das lässt sein Vertrauen zu Ihnen wachsen.

Rechte Seite: Behalten Sie auch im Training das Wohlbefinden Ihres Hundes im Auge.

Bei guter Trainingsgestaltung sind Hunde für jede Herausforderung zu begeistern.

Fehler vermeiden

Allzu häufig wird viel Aufhebens darum gemacht, wie auf das etwaige Fehlverhalten des Hundes eingewirkt werden sollte. Drehen Sie einfach den Spieß um: Leiten Sie Ihren Hund von Grund auf wirklich kleinschrittig an und vermitteln Sie ihm, was Sie von ihm erwarten. So hat er nicht einmal Zeit, über andere, unerwünschte oder fehlerhaft umgesetzte Handlungen nachzudenken! Blockieren Sie zudem mögliche Fehler auf neutralem Weg mittels Managementmaßnahmen. Die Auswahl einer geeigneten Trainingsumgebung (inklusive dem Maß etwaiger Verleitungen und Ablenkungen) spielt hier die wichtigste Rolle. Das anzustrebende fehlerfreie Lernen bedeutet nämlich tatsächlich, dass der „Schüler" im Idealfall nicht einen einzigen der vielen potenziellen Fehler (falsche Bewegungen, unerwünschte Gesamthandlungen usw.) jemals ausgeführt hat! Er soll im Hinblick auf diese Optionen vollständig unerfahren sein und gleichzeitig über einen möglichen reichen Erfahrungsschatz an erwünschten, positiv verstärkten und daher als Erfolg verknüpften Handlungen verfügen. Bedenken Sie: Handlungen in denen der Hund schon geübt ist, laufen immer als sein bevorzugtes Programm ab. Dies gilt jedoch für erwünschte und unerwünschte Handlungen gleichermaßen!

Trainingszeit

Laden Sie Ihren Hund mit einem einfachen Wort (z. B. *Training*) zur gemeinsamen Arbeit ein.

> Damit Sie wirklich effizient mit Ihrem Hund arbeiten können, ist auf seiner Seite ein hohes Maß an Konzentration erforderlich. Üben Sie darum lieber öfters, aber jeweils nur kurz. So vermeiden Sie die Gefahr einer Überforderung. Ein toller „Nebeneffekt" ist hierbei, dass sich Ihr Hund immer besser und länger konzentrieren kann, denn das ist Übungssache!
> Beenden Sie eine Übungssitzung möglichst in einem Moment von Zufriedenheit, etwa wenn Sie – bei schwierigeren Übungen gegebenenfalls auch nur einen kleinen – Durchbruch erzielen konnten. Machen Sie sich strikt von dem alten „Einmal-geht-noch-Fehler" frei!
> Geben Sie Ihrem Hund nach dem Training ausreichend Zeit zum vollständigen Regenerieren.

Freie Zeit

Gewöhnen Sie sich an, Übungen immer mit einem Auflösewort (z. B. dem Freizeitzeichen) zu beenden, damit Ihr Hund weiß, wann er sich trollen und auch abschalten darf. Lassen Sie sich von arbeitswütigen Hunden nicht durch die vom Hund angebotene Aufmerksamkeit dazu verleiten, ständig auf ihn einzugehen. Das vollständige Abschalten ist ein wichtiges Detail für eine wirklich vollständige Regeneration und für die Verarbeitung von Lernerfahrung. Sie dient somit dem Gesamtwohlbefinden Ihres Hundes.
Übrigens: Es kommt weniger auf die Geschwindigkeit an, mit der Ihr Hund eine Übung lernt. Was zählt ist, dass er sie am Schluss gleichermaßen gut und gerne ausführt!

Die tägliche Trainingsroutine

Setzen Sie sich stets erreichbare Ziele. Als Faustregel kann gelten, immer nur zwei oder drei neue Übungen als Ziel anzuvisieren und so lange daran zu arbeiten, bis sie der Hund gut beherrscht. Nehmen Sie erst dann wieder eine neue Herausforderung ins Übungsprogramm auf.

Übungsspaziergänge sind ein großer Spaß

Üben Sie mit Ihrem Hund doch mal während der Spazierrunde! Um diese inhaltlich aufzupeppen, ist es sinnvoll, sich vorab jeweils eine Grundgehorsams-, eine Geschicklichkeits- und eine Spaßübung sowie ein Spiel zu überlegen. Hierbei muss es sich jedoch nicht immer um neue Übungen handeln. Auch das Abrufen bereits bekannter Inhalte kann Vergnügen bereiten.

Trainingsmethoden

Lernen erfolgt nicht beliebig, sondern anhand enger biologischer Gesetzmäßigkeiten. Werden diese berücksichtigt, sind schnelle und nachhaltige Erfolge die Regel und nicht die Ausnahme.

Im Hundetraining können viele verschiedene Wege zum gewünschten Ziel führen. Der im Übungsteil dieses Buches jeweils beschriebene Trainingsweg ist daher nur als eine mögliche Variante zu verstehen. Sie kennen Ihren Hund am besten und wissen vielleicht auch schon, worauf er besonders gut reagiert. Nutzen Sie dieses Wissen, um Ihren Hund entsprechend anzuleiten. Beachten Sie im Übungsaufbau, dass alle Hilfestellungen im Training wie das Locken oder auch manche Zwischenschritte für das Erreichen des eigentlichen Leistungsziels wieder abgebaut werden müssen. Sie sollten daher wirklich nur für kurze Zeit zum Einsatz kommen. Als Faustregel gilt: nicht häufiger als fünf Mal.

Wertigkeit von positiven Verstärkern unterschiedlicher Kategorien

Als sogenannte **Primärverstärker** bezeichnet man alles, was der Hund automatisch, also auch ganz ohne Vorerfahrungen, als angenehm empfindet und in dem jeweiligen Moment haben möchte. In aller Regel handelt es sich um Dinge, die seine Grundbedürfnisse sichern (z. B. Futter).

Sekundärverstärker hingegen haben selbst zunächst keinerlei Bedeutung für den Hund (z. B.: Clicker). Bevor sie im Training eingesetzt werden können, müssen sie in einem Lernvorgang an einen Primärverstärker gekoppelt werden. Der Sekundärverstärker kündigt dem Hund den Erhalt des Primärverstärkers an. Die höhere Wertigkeit (auch im Hinblick auf den konkreten Belohnungsmoment) hat immer der Primärverstärker. (s. Übung Seite 38).

Rechte Seite: Jeder Hund hat einzigartige Talente, die im Training aufgegriffen werden können.

Klassische Konditionierung

Beim Training nach den Regeln der klassischen Konditionierung kommt es einzig und allein auf die zeitliche Kopplung zweier Ereignisse an, wobei eines der Ereignisse ein reflexartig gesteuertes Verhalten beim Hund auslösen muss. Im Verlauf der Konditionierung wird ein neues Signal, das zunächst keine Bedeutung für den Hund hat, vor die reflexartig ablaufende Handlung gesetzt. Bei häufiger Wiederholung dieser Kopplung löst das Signal später selbst das Verhalten aus. Lob oder Strafe werden hier als Verstärker nicht benötigt. Einzig ein enger Zeitfaktor von idealerweise nicht mehr als einer halben Sekunde entscheidet über das Gelingen. Auch Ortverknüpfungen spielen bei klassisch konditionierten Übungen kaum eine Rolle – das kann im Alltag von großem Nutzen sein.

Mittels klassischer Konditionierung können Sie Ihrem Hund alles beibringen, was reflexartig gesteuert wird (s. Übung Seite 49). Da dies für die Ausschüttung von Hormonen ebenfalls zutrifft und Emotionen über Hormone reguliert werden, kann auch die Emotionslage klassisch konditioniert werden.

Das Aufheben und Abgeben des Objektes ist ein wichtiger erster Lernschritt beim Apport.

Instrumentelle Konditionierung

Die instrumentelle Konditionierung, auch operante Konditionierung genannt, wird im Training mit Hunden am häufigsten angewandt. Hier werden positive oder negative Verstärker eingesetzt, um die Wahrscheinlichkeit zu erhöhen, dass eine Verhaltensweise in Zukunft häufiger oder seltener gezeigt wird. Um dem Hund zu vermitteln, was er tun soll, sind gezielt eingesetzte Belohnungen der effektivste Weg. Das Timing des Verstärkereinsatzes spielt bei der instrumentellen Konditionierung eine wichtige Rolle. Die beste Verknüpfung kann ein Hund herstellen, wenn zwischen Handlung und dem Erhalt des Verstärkers nicht mehr als allerhöchstens zwei Sekunden verstreichen – besser jedoch sogar nur eine Sekunde!

Im instrumentellen Training sind zudem wieder die Emotionen von großer Bedeutung. Immer wenn Sie die Emotion „Freude“ auslösen, können Sie sicher sein, dass Ihr Hund die Handlung auch zukünftig gerne wieder in gleicher Art zeigen wird. Schließlich geht es ihm darum, wie er am einfachsten Angenehmes erreichen oder behalten kann.

Verstärker lösen Emotionen aus

Durch die Wahl des Verstärkers können Freude, Erleichterung, Angst, Schmerz oder Frust erzeugt werden. Als **positive Belohnung** bezeichnet man das Hinzufügen von etwas Angenehmen (z. B. den Erhalt eines Leckerchens). Die ausgelöste Emotion ist Freude. Entzieht oder stoppt man hingegen etwas Unangenehmes, entsteht das Gefühl von Erleichterung. Dies bezeichnet man als **negative Belohnung**. Obwohl sowohl Freude als auch Erleichterung „positive" Gefühle sind (beide erhöhen die Wahrscheinlichkeit, die Handlung zukünftig häufiger zu zeigen), stellt die negative Belohnung einen Umweg dar, denn um Erleichterung zu erleben, muss es dem Tier erst einmal „schlecht" gehen. Als **positive Strafe** versteht man die Anwendung von Angst und/oder Schmerzen. Ein Weg, der in modernem und strukturiertem Hundetraining keine Berechtigung mehr hat. **Negative Strafe** (z. B. das Ignorieren oder den Entzug des Objekts der Begierde) lösen hingegen Frustration aus. Negative Emotionen können Folgeprobleme wie Gegenaggression, Scheue und Unlust statt Motivation nach sich ziehen.

Längere Verhaltensketten formen

Um auch längere Trainingssequenzen stress- und fehlerfrei aufbauen zu können, ist der sogenannte Rückwärtsaufbau ein eleganter Weg. Die einzelnen Handlungen der Gesamtübung werden hierbei in umgekehrter Reihenfolge trainiert.

Wenn der erste Lernschritt „sitzt", sind Distanzübungen ein Kinderspiel.

Das heißt, Sie starten das Training mit der Endhandlung der Übung. Nach und nach wird dann immer ein kleines vorgeschaltetes Übungsdetail hinzugenommen, bis Ihr Hund alle Einzelheiten beherrscht. Der Vorteil eines Rückwärtsaufbaus ist, dass sich der Hund in der Übung immer in Richtung der schon länger bekannten und häufiger geübten Details vorarbeiten kann. Das gibt ihm Sicherheit (s. Übung Seite 44).

Einsatz von Belohnungen

Bei der Anwendung von positiven Verstärkern ist der einzige Schnitzer, der Ihnen passieren kann, dass Sie nicht genau das Verhalten verstärken, das Sie verstärken wollten. Das kann der Fall sein, wenn das Timing nicht stimmt: Zwischen gezeigtem, gewünschtem Verhalten und der Belohnung dürfen nicht mehr als 1–2 Sekunden liegen. Es gilt also, gezielt vorzugehen, schnell zu sein und auch auf kleine Details zu achten.
Hierzu ein Fehlerbeispiel: Der Hund macht Sitz und soll dafür belohnt werden. Sie nähern sich der Hundeschnauze mit dem Leckerchen in der Hand. Der Hund steht in der freudigen Erwartung, das Futter zu erhalten auf und bekommt den Bissen zugesteckt. In dem Moment haben Sie das Aufstehen bzw. Stehen belohnt, denn dies ist die Handlung, die Ihr Hund nun mit der Belohnung assoziieren wird.

Gute Arbeit sollte gebührend honoriert werden!

In der Anlernphase dürfen Sie Ihren Hund gerne zunächst für jede korrekte Ausführung des jeweiligen Teilschritts belohnen. Denn so gewinnt er (auch emotionale) Sicherheit in der Übung. Erst später sollten Sie auf ein variableres Belohnungsschema oder eine leistungsbezogene Staffelung der Belohnung umstellen.

Rechte Seite oben: Legen Sie auch in den Belohnungsmoment Aufmerksamkeit, um Fehler zu vermeiden.

Rechte Seite unten: Nur wer geduldig die Position hält, bekommt den Snack am Schluss auch wirklich!

D
G

Ignorieren als Methode

Hunde sind Ökonomen. Sie legen auf Dauer nur Verhaltensweisen an den Tag, die sich in irgendeiner Form für sie lohnen. Wenn ein Verhalten zu keinerlei Vorteil (mehr) führt, wird es vernachlässigt und zunächst seltener und später ggf. überhaupt nicht mehr gezeigt. Die Methode des Ignorierens können Sie deshalb sehr gut als Technik einsetzten, wenn kleinere Fehler im Training auftreten, die aber natürlich nicht ausgebaut werden sollen.
Ignorieren ist übrigens leichter gesagt als getan! Es bedeutet, den Hund gleichzeitig nicht anzuschauen, nicht anzufassen und nicht anzusprechen. Mit ein wenig Übung und Eigenkontrolle kann es einem aber gut gelingen.

Auch Korrekturen haben es lerntheoretisch in sich!

> Bitte bedenken Sie: Eine Korrektur ist ein Feedback und somit ein Verstärker für unerwünschtes Verhalten.

> Selbstbelohnende Verhaltensweisen (z. B. Jagen) können mittels des Ignorierens nicht abgestellt werden.

Linke Seite: Aufmerksamkeit heischendes Verhalten kann lästig werden und sollte daher nicht „bedient“ werden.

Festigung von Verhalten

Um zuverlässig eine abrufbare Leistung aufzubauen, ist es notwendig, die jeweilige Übung nach und nach auch in immer größeren Ablenkungssituationen und an verschiedenen Orten umzusetzen. Dies ist der Prozess der Generalisierung. Aber Vorsicht: Gehen Sie nicht zu schnell vor, denn bei der Steigerung der Ablenkung muss die Übung trotzdem noch gelingen! Wenn Sie damit beginnen, mit mehr Ablenkungen zu arbeiten, ist es sehr hilfreich, kleinschrittig vorzugehen und zunächst die Belohnung aufzuwerten.
Ein Beispiel: Ihr Hund beherrscht in Haus und Garten den Befehl *Sitz* gut. Auch draußen gelingt dies, wenn die Umgebung ruhig ist. Wie funktioniert nun die Generalisierung? Suchen Sie sich einen Trainingsort mit leichten Ablenkungen. Üben Sie beispielsweise etwa 30 Meter von einer Bushaltestelle entfernt und benutzen Sie in diesem Trainingsdurchgang nicht einfache Futterbelohnungen, sondern besonders begehrte Happen. Wenn im Training alles gut gelingt, können Sie beim nächsten Mal bei der gleichen Ablenkungsstärke (hier also in der gleichen Entfernung zur Bushaltestelle) dazu übergehen, normale Leckerchen einzusetzen. Benutzen Sie Ihre Superleckerchen dann wieder bei einer Entfernung von rund 25 Metern von der Ablenkung usw.

Signale aufbauen

Erklärende Worte helfen Ihrem Hund nicht weiter, wenn er nicht zuvor gelernt hat, was die Worte bedeuten. Denn sie haben in diesem Fall schließlich keinerlei Signalcharakter. Um ein Wort (ggf. auch ein Tonsignal oder Zeichen) zum Signal werden zu lassen, ist es wichtig, dass es der Hund mit der richtigen Handlung verknüpfen kann. Leider kann oft beobachtet werden, dass das Signal zu früh eingeführt wird, also beispielsweise während der Hund im Lernprozess noch eine inkonstante Leistung zeigt, Fehler begeht oder im schlimmsten Fall (noch) gar nicht weiß, was er eigentlich tun soll. In der vom Hund gelernten Signalverknüpfung sind diese Ungereimtheiten dann inklusive! Dies führt nicht selten zu großer Unzufriedenheit auf Menschenseite, denn ganz unwillkührlich denkt man zunächst, man hätte dem Hund die richtigen Anweisungen erteilt. Es gilt also, sehr bewusst mit Signalen umzugehen.

Bedachter Signalaufbau ist der Schlüssel zum Erfolg!

Ideal ist, das Signal erst dann einzuführen, wenn Sie sich ganz sicher sind, dass Ihr Hund die Handlung in Perfektion zeigen wird. Als Faustregel gilt: Wenn er die Übung neun von zehn Mal hintereinander perfekt gezeigt hat, ist er reif für die Signalverknüpfung.

Regeln für den Einsatz von Signalen

Das „Wann“ und „Wie“ spielen in der Signalkonditionierung eine große Rolle. Es lohnt sich, sich diesem Thema vor dem Trainingsstart zu widmen.

> Sprechen Sie Lautsignale stets freundlich, aber klar und deutlich aus.

> Beim Einsatz von Sichtzeichen gilt es darauf zu achten, keine bedrohlichen Körperhaltungen einzunehmen.

> Verzichten Sie darauf, eindringlicher mit dem Hund zu sprechen, wenn er den Befehl nicht umgehend ausführt. Wenn Ihr Hund nicht mitmacht, hat er offensichtlich das Signal noch nicht verstanden! Gehen Sie mindestens einen Lernschritt zurück, anstatt Druck aufzubauen.

> Geben Sie den Befehl stets nur einmal. Wenn der Hund nicht reagiert, liegt ein Fehler im Übungsaufbau vor. Hat der Hund vielleicht Stress? Fehlt die Motivation? Ist die Übung noch nicht generalisiert, das heißt, überall abrufbar? Wurden überhaupt genügend Wiederholungen beim Signalaufbau umgesetzt, sodass eine saubere Verknüpfung zwischen dem Befehl und der Handlung hergestellt werden konnte?

Im Training für Fortgeschrittene werden Ablenkungen aus der Umgebung eingebunden.

Grundregeln für den Alltag

Höflichkeit ist eine Tugend, die Hunde erlernen können. Durch die Umsetzung der in diesem Kapitel vorgestellten Spielregeln werden die verschiedensten Situationen im Alltag mit dem Hund vereinfacht.

Sozialspiel und Kontakte mit dem Menschen

Gut definierte Regeln sind eine wichtige Grundlage für ein problemfreies Miteinander! Dies gilt sowohl für Begegnungen und Beziehungen zwischen Hunden als auch für die Beziehung zwischen Vier- und Zweibeinern.

Tendiert Ihr Hund dazu, Sie körperlich zu Bedrängen, können Sie ihm je nach Stärke des Vergehens die gelbe oder rote Karte zeigen (s. Seite 29). Als Faustregel gilt hierbei: Lieber zu streng zu sein, als zu lax, denn die Schulung von Höflichkeit zahlt sich auch in allen anderen Bereichen mit dem Hund aus.

Spielregel 1: Sobald der Hund mit seinen Zähnen spürbar Haut oder Kleidung berührt, erhält er die rote Karte!
Erst nach ein paar Minuten sollten Sie Ihrem Hund eine zweite Chance gönnen, in der er seine Höflichkeit erneut unter Beweis stellen kann.
Wichtig ist, dass Ihr Hund sehr wohl die Chance zu sozialem Spiel bekommt (hierbei setzen Hunde immer auch die Schnauze ein) und er in Kombination mit Spielregel 2 den Unterschied zwischen seinem braven Spiel und der roten Karte lernt.

Spielregel 2: Im Kontakt und Sozialspiel mit dem Menschen gilt grundsätzlich die Regel, dass auch beim Kuscheln das Maul samt der Zähne nur kontrolliert eingesetzt werden darf. Ein sehr vorsichtiges Maulspiel können Sie tolerieren, ansonsten zücken Sie die rote oder gelbe Karte.
Aber bedenken Sie: Beim zweiten Vergehen ist grundsätzlich die rote Karte fällig! Der Hund wird für ein paar Minuten kommentarlos „vom Platz“ gestellt. Ihn räumlich zu isolieren, damit er in Ruhe herunterfahren kann, ist bei einigen Hunderabauken gelegentlich die einzige Lösung, dieses Time-Out umzusetzen. Der Ort, an dem diese Maßnahme umgesetzt wird (etwa eine Hundetransportbox), sollte dem Hund jedoch vorher allumfassend als Ruhe- und Geborgenheitsort vertraut sein!

Ahndung von Regelverstößen

Wie im Sport gibt es auch im Miteinander von Hunden und Menschen kleinere und größere Vergehen von Seiten des Vierbeiners.

Rote Karte: Eine rote Karte ist fällig, wenn Ihr Hund Ihnen weh tut, Sie stark bedrängt oder belästigt. Die Reglementierung beinhaltet einen sofortigen und kommentarlosen Kontaktabbruch. Lassen Sie Ihren Hund umgehend und wortlos stehen! In dieser Zeit (einige Minuten) sollten Sie ihn vollständig ignorieren, also weder anfassen, angucken noch ansprechen - und das gilt selbstverständlich für alle Familienmitglieder!

Gelbe Karte: Die gelbe Karte hingegen ist eine Warnung an Ihren Vierbeiner, dass ein Verweis ins Haus steht, sollte er sein Verhalten nicht ändern. Schreien Sie kurz und schrill auf oder quieken Sie, wenn ein Milchzahn / Zahn spürbar die Haut berührt. Gerne dürfen Sie hier ein wenig übertreiben. Spielen Sie in diesen Fällen ruhig auch für ca. 30 Sekunden die „beleidigte Leberwurst".

Vertrauen und Respekt sind essenzielle Trainingsvoraussetzungen.

Spiel mit Objekten

Beim Spiel mit Objekten sollte Ihr Hund ebenfalls einige Regeln lernen. Je besser er in diesen Punkten geschult ist, umso konfliktfreier können Sie Übungen und Spiele umsetzen.

Spielregel 3: Bringen Sie Ihrem Hund bei, dass das Zergeln an Objekten nur nach ausdrücklicher Aufforderung erlaubt ist!

Spielregel 4: Sollte Ihr Hund einmal auf die Idee kommen, ohne Spielkommando nach einem Objekt zu schnappen, das Sie in der Hand halten, wenden Sie die rote Karte an, unabhängig davon, ob er Ihnen dabei wehgetan hat oder nicht. Entschuldigen Sie derart unhöfliches Verhalten nicht mit „er wollte doch nur …" oder Ähnlichem. Wenn Sie Ihrem Hund Respekt entgegenbringen, dürfen Sie auch für sich selbst in einer neutralen Situation oder im Spiel körperliche Unversehrtheit in Anspruch nehmen!

Spielregel 5: Trainieren Sie mit Ihrem Hund – sofern er es nicht bereits beherrscht – das bereitwillige Abgeben von Objekten (*Aus!*). Sie können ein hohes Maß an Kooperation erzeugen, wenn Sie die Übung als Tauschgeschäft aufbauen und hochwertig belohnen.

Spielregel 6: Diese Spielregel bezieht sich auf Ihr eigenes Verhalten! Lassen Sie sich nie auf ein Nachlaufspiel mit dem Hund ein, um ihm etwas abzuringen, das er sich „geschnappt" hat. Dies ist wichtig, um sich nicht die Blöße zu geben, langsamer, unwendiger oder in irgendeiner anderen Form dem Hund unterlegen zu sein.

Spielerlaubnis auf Knopfdruck

Für das Zergeln können Sie leicht ein Spielkommando einführen, indem Sie das entsprechende Kommando (z. B. Spaß!) immer dann sagen, wenn Sie Ihren Hund zum Zerrspiel animieren. Sobald eine ausreichende Festigung mit dem Kommando erreicht ist, sollten Sie sich auf kein Ziehspiel mehr einlassen, ohne dass Ihr Hund vorher das Startsignal, also sein Spielkommando (Spaß!), erhalten hat.

Auch in einem ausgelassenen Spiel dürfen bestimmte Regeln nicht überschritten werden.

Futter als Lohn und Motivationshilfe

Nahrungsaufnahme ist überlebenswichtig. Futter hat somit die Funktion eines Primärverstärkers. Außer zur Überlebenssicherung können wir es aber auch als Motivationshilfe einsetzen.

Spielregel 7: Eine wirksame Regel der Hundeerziehung lautet: „Ohne Arbeit kein Vergnügen." Lassen Sie Ihren Hund also für sein Futter arbeiten! Stellen Sie für ihn einen passenden Übungsplan zusammen. Nichts spricht hierbei dagegen, unterschiedliche Sparten einzubinden (Gehorsams- oder Spaßübungen), in denen er sich Futterbelohnungen verdienen kann. Auch der Einsatz von Spielzeugen, die mit Futter befüllbar sind und mit denen sich Ihr Hund selbst beschäftigen kann, ist für ihn eine sinnvolle und zudem vergnügliche Angelegenheit.

Spielregel 8: Sollte Ihr Hund bei der Fütterung oder bei der Verteilung eines Belohnungsleckerchens zu gierig sein und nach dem Futter samt Ihrer Finger bzw. der Hand schnappen oder ungestüm mit den Zähnen an Ihrer Hand herumlaborieren, gibt es NICHTS! Halten Sie also das Leckerchen mit extremer Verbissenheit fest, solange der Hund mit den Zähnen seine Belohnung ergattern will. Vermitteln Sie ihm, dass die Futterausgabe von seiner „vornehmen" Zurückhaltung abhängt. Zeigen Sie Ihrem Vierbeiner ggf. die rote Karte, wenn er Ihnen wehtut!

Rechte Seite: Gier führt hier nicht ans Ziel, sondern solch ein braver fragender Blick.

Hohe Erregungslagen

In hoher Erregungslage kann ein Hund nicht „klug" und konzentriert handeln. Stattdessen regiert die Affektivität, was mit Einschränkungen der sonst üblichen Hemmung einhergeht.

Spielregel 9: Achten Sie darauf, dass Ihr Hund erst gar nicht in eine zu hohe Erregungslage gerät. Brechen Sie Szenen konsequent ab, in denen der Hund so hoch erregt ist, dass die Kontrolle versagt, aber mittels einer positiven Umlenkung auf ein „braves" Verhalten (etwa einer einfachen Konzentrationsübung), das Sie belohnen können.

Rufen Sie Ihren Hund auch rechtzeitig aus dem Spiel mit Artgenossen heraus, sollte er dabei zu sehr aufdrehen. Lassen Sie ihn eine Ruheübung ausführen, die ihm Spaß macht. Eine mögliche Ruheübung könnte sein, ihn seine Lieblingsfutterbrocken unter Kommando auf dem Boden suchen zu lassen. Das liebt fast jeder Hund. Natürlich sind auch andere, speziell auf Ihren Hund abgestimmte Übungen möglich und je nach Situation auch in Anwesenheit von Artgenossen problemfreier einsetzbar.

Spielregel 10: Schulen Sie allgemein die konzentrierte und höfliche Zurückhaltung Ihres Hundes. Den Aufbau einer einfachen Übungsvariante finden Sie auf Seite 40 beschrieben.
Übertragen Sie diese Übung dann auf Alltagssituationen, indem Sie Ihrem Hund immer wieder einmal für einen kurzen Moment irgendetwas verwehren, was er gerade haben oder unbedingt tun möchte. Wenn er sich beherrscht, geben Sie ihm anschließend mit dem Kontrollkommando die Freiheit, genau das zu tun, was er vorab so dringlich tun wollte. Auf diese Weise stellen Sie sich als freundlich-souveräner Rudelführer dar, der die Karten in der Hand hat.
Achten Sie bei der Arbeit mit einem vierbeinigen Trainingsanfänger darauf, dass er sich anfangs nur kurz auf Sie konzentrieren muss, bevor er loslegen darf, um den Erfolg der Übung zu garantieren.

Sinne beisammen halten

Befindet sich Ihr Hund in einer hohen Erregungslage, ist Ihre Kontrolle über den Vierbeiner grundsätzlich eingeschränkt.
Und wichtig: Seine Beißhemmung ist in diesen Augenblicken niedriger bzw. die Tendenz zu aggressivem Verhalten höher.

Wenn Hunde in hoher Erregungslage stehen, reagieren sie häufig affektiv.

Grundübungen

Einige Übungen können als allgemeine Trainingsbasis das Zusammenspiel mit dem Hund ganz erheblich erleichtern. Es lohnt sich, diese möglicherweise den einzelnen Spaßübungen voranzustellen. So können sie beim Aufbau der Tricks direkt genutzt werden.

Lobwort und/oder Clicker

Ein reines Lob ist zunächst nur heiße Luft. Die Bedeutung von Lobwort oder Clicker muss erlernt werden!

Ziel

Vermitteln Sie Ihrem Hund, was Ihr Lob oder das „Click“ bedeutet. Denn nur dann können Sie diese beiden Hilfen gewinnbringend einsetzen.

Infos

Das „Click“ ist stets ein festes Versprechen auf eine echte Belohnung – etwa auf ein Leckerchen. Von dieser Regel wird auch im Training nicht abgewichen. Das Lobwort hingegen kann auch als Ersatz für eine wertvollere Belohnung dienen, jedoch bleibt es dann in der Wertigkeit sowohl dem Einsatz direkter echter Belohnungen wie Spielzeug oder Leckerchen als auch dem Clicker unterlegen.

So geht's

1. Festigen Sie ein **Lobwort**, indem Sie es immer wieder in Momenten einsetzen, wenn Ihr Hund von sich aus in einer freudigen Stimmung ist. Beispielsweise wenn Sie nach Hause kommen und Sie begrüßt, Sie ihm seinen Fressnapf hinstellen, Sie mit ihm spielen oder schmusen. Je nachdem, was Ihr Hund besonders liebt.
2. **Clicker-Konditionierung:** Stecken Sie Ihrem Hund für einen Trainingsdurchgang von 10–20 Wiederholungen, jeweils nachdem Sie geclickt haben, ein kleines, aber feines Leckerchen zu. Wiederholen Sie die Übung in einem anderen Moment auch mit dem Lobwort, um dieses in der Bedeutung noch weiter positiv aufzuladen.
3. Testen Sie, ob Ihr Hund bereits einen positiven Bezug zum Lobwort oder Clicker hergestellt hat, indem Sie es in einem neutralen Moment einsetzen und seine Reaktion beobachten. Geben Sie ihm zur Stärkung der Verknüpfung im Falle einer positiven Reaktion (Freude) auch jetzt ein Leckerchen!

Rechte Seite: Mit dem Clicker können Sie das Training präzisieren. Die Einführung ist schnell erledigt.

Kontrollkommando

Einen Hund zu führen heißt, ihn zu lenken. Für ein straffreies Miteinander ist das Kontrollkommando Gold wert.

Ziel

Das Kontrollkommando dient dazu, den Hund zu mehr Zurückhaltung zu ermahnen bzw. von unerwünschten Taten abzuhalten.

Infos

Die Bedeutung des Kontrollkommandos sollte dem Hund wie ein „angesagtes Scheitern" vermittelt werden. Gleichzeitig beinhaltet es aber auch eine positive Auflösung. Es ist für den Einsatz im Alltag gedacht. Begeht der Hund hingegen im Training Fehler, gilt es den Trainingsansatz zu überdenken!

So geht's

1. Sichern Sie Ihren Hund so mit der Leine, dass er möglichst gar keinen räumlichen Spielraum hat, aber vollauf bequem stehen kann. Je nach Kraft Ihres Hundes ist es sinnvoll, die Leine nicht in der Hand zu halten, sondern sie an einem festen Gegenstand zu befestigen.
2. Werfen Sie dann ein Leckerchen außerhalb der Reichweite Ihres Hundes auf den Boden und sprechen Sie zeitgleich mit seinem Versuch, sich das Leckerchen holen zu wollen, einmal Ihr Kontrollkommando aus.
3. Warten Sie geduldig, ohne jemals das Kommando zu wiederholen, bis er sich zu Ihnen umorientiert. Belohnen Sie den Blickkontakt ggf. mehrfach hintereinander mit einem Snack.
4. Beenden Sie diese Übung, indem Sie sich mit Ihrem Hund von der Verleitungsquelle (das Leckerchen am Boden) entfernen. Weichen Sie ab und zu von diesem Schema ab und erteilen Sie Ihrem Hund die Erlaubnis, das am Boden liegende Verleitungsleckerchen zu fressen, wenn er besonders brav war und sich umgehend umorientiert hat.

Nicht mit dem Kopf durch die Wand!

Üben Sie diese Übung auch im Alltag, etwa wenn Ihr Hund etwas unbedingt erreichen möchte. Die vorrübergehende Verweigerung und die auf sein braves Verhalten folgende Erlaubnis sind Führungselemente.

Rechte Seite oben: Die Verleitung ligt außerhalb der Reichweite des Hundes.

Rechte Seite unten: Das Abwenden bzw. die Kontaktaufnahme wird mit einem wertvollen Snack belohnt!

Aufbau eines Targets

Die Umsetzung vieler Trainingsübungen kann durch den Einsatz eines Targetobjekts vereinfacht werden.

Ziel

Der Hund lernt, einen in aller Regel körperlichen Bezug zu einem speziellen Zielobjekt (engl. Target = „Ziel") herzustellen.

Infos

Je nach Gesamtziel der Übung, können Nasen-, Vorderpfoten-, Hinterpfoten-, Hüft-, Po-, Seiten- und sogar Blicktargets aufgebaut werden.
Sinnvoll ist, pro Targetübung, jeweils ein ganz spezifisches Zielobjekt einzusetzen (Kopplungsbeispiel: Nase – Stab).

So geht's

1. Kreieren Sie eine Situation, in der eine hohe Wahrscheinlichkeit besteht, dass Ihr Hund mit dem gewünschten Körperteil das Zielobjekt berührt oder formen Sie die Handlung frei.
2. Belohnen Sie ihn umgehend dafür.
3. Bedenken Sie für den Signalaufbau: Wenn Sie die jeweilige Targetkopplung für verschiedene Übungen nutzen möchten, ist es sinnvoll, diese Leistung mit einem eigenständigen Signal zu belegen. Die trainierte Targetleistung kann dann in anderen Übungen als Zwischenschritt genutzt werden. Ist die Targethandlung hingegen auch die Endhandlung der Übung, kann sie direkt mit dem Übungstitel verknüpft werden.

Rechte Seite: Ein Zielobjekt mit der Nase zu berühren, ist eine wertvolle Grundübung für diverse Tricks.

Ruhepol

Besonders aktive und arbeitsfreudige Hunde sollten lernen, Ruhezeiten einzuhalten, um sich regenerieren zu können.

Ziel

Der „Ruhepol“ sollte gleichermaßen ein Ort der Entspannung und Sicherheit sein. Belästigungen durch Familienmitglieder sind hier tabu!

Infos

Besonders leicht gelingt die Übung Ruhepol über den Rückwärtsaufbau (s. Seite 19). Das erste Detail, das trainiert wird, ist demnach die Endhandlung.

So geht's

1. Gehen Sie im ersten Trainingsdurchgang gemeinsam mit dem Hund zu seinem „Ruhepol“ (etwa einer bequemen Liegedecke, dem Körbchen oder einer Transportbox) und lassen Sie ihn dort rund zehn Mal in Folge mit Kommando in bequemer Position abliegen.
2. Belohnen Sie ihn umgehend, sobald er die Position eingenommen hat.
3. In den darauffolgenden zehn Durchgängen starten Sie genau so, sagen ihm aber das Kommando nicht mehr an. Lassen Sie ihn selbst nachdenken und warten Sie geduldig auf sein spontanes und eigenständig gezeigtes Verhalten. Sobald er sich hinlegt, wird er sofort belohnt!
4. Wenn dies gut gelingt, ändern sie immer nach zehn erfolgreichen Durchgängen Ihren Anspruch. Die nächsten Veränderungen beziehen sich auf Ihre Mitgeh-Unterstützung. Das heißt: Sie gehen Mal für Mal etwas weniger weit mit ihm gemeinsam an seinen Ruhepol. Aber: Die Belohnung sollte er unbedingt im Liegen und am richtigen Ort, also für das Zeigen der Endhandlung erhalten. Er muss die letzten Schritte demnach

In den ersten Trainingsdurchgängen wird dem Hund die Endposition noch angesagt.

immer eigenständiger umsetzen. Hier macht sich der Einsatz des Clickers mehr als bezahlt!

5. Wenn Sie sich zusammen mit Ihrem Hund eine Distanz von etwa vier Metern erarbeitet haben, die Ihr Hund ohne irgendeine Hilfe von Ihrer Seite zuverlässig zehn Mal überwindet, um dann spontan auf dem auserkorenen Platz zu liegen, ist er reif für die Signaleinführung. Dies ist Dank des Rückwärtsaufbaus der Übung besonders einfach, denn der Hund brennt bereits darauf, die Übung eigenständig zu starten. Er ist sich ja seiner Belohnung am Ende gewiss. Sagen Sie im Losrennen Ihres Hundes in Richtung seines Ruhepols (bzw. idealerweise ganz kurz zuvor) *Ruhepol* und belohnen Sie ihn dort wie gewohnt.
6. Generalisieren Sie die Übung anschließend noch schrittweise im Hinblick auf etwaige Ablenkungen.

My home is my castle ...

Die Übung Ruhepol können Sie auch als Einstiegskommando in die Transportbox im Auto oder bei der Bereitstellung eines entsprechenden Ortes im Alltag einsetzen.

Hier ist der Ort des Erfolgs schon abgespeichert. Distanzübungen gelingen problemlos.

Zu mir

Nichts geht über einen zuverlässig ausgeführten und sowohl zügig als auch freudig umgesetzten Rückruf!

Ziel

Diese Rückruf-Übung ist ein Such-Spaß-Hammer für Ihren Hund!

Infos

Der Übungsaufbau ist so konzipiert, dass dieser Rückruf für Ihren Hund mehr Spiel als Ernst ist. Sie selbst stehen „raffinierter Weise“ jedoch im Zentrum der Suchfläche, die in dieser Übung nicht über Ihre Armreichweite hinausgehen darf!

So geht’s

1. Lassen Sie Ihren Hund zuschauen, wie Sie ein schmackhaftes Leckerchen direkt vor oder zwischen Ihren Füßen auf den Boden legen und laden Sie ihn mit einer Geste und dem Signalwort (z. B. *Zu mir*) ein, es sich zu nehmen.
2. Versuchen Sie, in den Wiederholungen die Gewichtung auf das Signalwort zu legen und weitere Hilfestellung über Ihre Körpersprache vollständig abzubauen.
3. Sie erkennen am Verhalten Ihres Hundes, wann er die Grundübung verstanden hat. Er wird dann nämlich, sobald Sie das Signalwort aussprechen, direkt mit tiefer Nase auf Ihre Füße zusteuern, um sich das dort liegende Leckerchen einzuverleiben. Verändern Sie erst dann die Ausgangssituation und lassen Sie Ihren Hund bei der Übungsvorbereitung nicht mehr länger zugucken.

Variante

Wenn Ihr Hund im Rückruf-Suchspiel bereits zu den fortgeschrittenen Kandidaten zählt, können Sie das Belohnungsleckerchen, das er suchen und in dieser Übung stets auch direkt aufnehmen darf, weiterhin innerhalb Ihrer Armreichweite, aber zunehmend anspruchsvoll verstecken. Das spornt die meisten Hunde noch mehr zur intensiven Suche an – sofern es sich aus Hundesicht um ein Qualitätsleckerchen handelt, dessen Einsatz in dieser Übung sinnvoll ist.

Rechte Seite oben: Das Suchspiel macht Hunden riesigen Spaß. Die Annäherung ist für sie nebensächlich.

Rechte Seite unten: Der Hund erlebt seinen Erfolg in unmittelbarer Nähe zum Menschen.

Rückruf auf Sichtzeichen

Sichtzeichen zu lernen, fällt Hunden leicht. Daher ist es sinnvoll, dies auch für den Rückruf zu nutzen!

Der Hund wird hinter dem Menschen entlang in die linke Grundstellung geleitet.

Ziel

Den Hund mittels Sichtzeichen über große Distanzen „abrufen" zu können, ist sehr elegant und stressfrei.

Infos

Für diese Übung sollte dem Hund die Grundposition (s. Seite 56) bereits vertraut sein oder parallel aufgebaut werden. Die einzige Voraussetzung für ein gutes Gelingen dieser Übung ist, dass Ihr Hund häufig Blickkontakt zu Ihnen aufnimmt, was Sie zeitgleich im Rahmen der allgemeinen Konzentrationsschulung aufbauen können.

So geht's

1. Übungsaufbau für Hunde, die (in diesem Fall hinter dem Rücken des Menschen entlang) in die Grundstellung an der linken Körperseite des Menschen laufen: Strecken Sie Ihren rechten Arm gerade nach oben und führen Sie ihn dann ausgestreckt in einer weiten seitlichen Bewegung bis fast an Ihr rechtes Bein herunter.
2. Leiten Sie Ihren Hund von dort an, indem Sie mit Ihrer rechten Hand nach hinten deuten, hinter Ihrem Rücken entlang um Ihre Beine herum in die ihm vertraute linke Grundstellung zu laufen.
3. Belohnen Sie ihn dort mit einem seiner Lieblingsleckerchen.
4. Setzen Sie diese Übung im Alltag immer wieder in den unterschiedlichsten Situationen und aus verschiedenen Distanzen um.

Details, die es in sich haben!

Achten Sie auf eine gute Kontrastierung Ihrer Armbewegung mit dem Hintergrund, damit Ihr Hund das an ihn gerichtete Zeichen auch wirklich weithin sehen kann.

Mach schnell!

Die Einsatzmöglichkeiten dieser Übung reichen bis hin zur einfachen Gewinnung einer Urinprobe.

Ziel

Kaum etwas ist im Alltag praktischer, wenn Ihr Hund gelernt hat, sich auf Signal zu versäubern.

Infos

Und kaum etwas ist einfacher zu trainieren, da es sich um eine klassische Konditionierung handelt.

So geht's

1. Sie müssen nichts weiter tun, als immer das gewählte Kommando zu sagen (z. B. *Mach schnell!*), kurz bevor der Hund sich zum Pinkeln hinhockt oder sein Beinchen hebt.
2. Je häufiger die Kopplung erfolgt, desto zuverlässiger ist die Handlung abrufbar. Ein wahrer Traum, wenn es mal wirklich schnell gehen soll.

Das Pinkelkommando ist praktisch – auch wenn einmal Urin aufgefangen werden muss.

Voraus

Das Voraussenden ist ein Führungselement. Gleichzeitig kann es Teil einer Übungskombination sein.

Ziel

In dieser Übung soll Ihr Hund lernen, sich geradlinig von Ihnen zu entfernen.

Infos

Kann Ihr Hund bereits ein Zielobjekt mit der Nase antippen oder an einem Target eine Ruheposition (z. B. *Steh* oder *Platz*) einnehmen (s. Seite 42), ist das Richtungsschicken schon fast ein Kinderspiel.

So geht's

1. Übungsaufbau beim Einsatz eines Nasentargets: Ideal ist, wenn Sie das Zielobjekt in den Boden stecken können. Ein Teleskopstift oder ein Kochlöffel eignen sich hierfür hervorragend.
2. Stecken Sie das Zielobjekt vor sich in den Boden, sodass die Spitze, die der Hund berühren soll, nach oben zeigt.
3. Weisen Sie Ihren Hund dann mit dem bereits zuvor aufgebauten Kommando für die Target-Zwischenhandlung an, die Spitze des Objektes mit der Nase zu berühren, und belohnen Sie ihn. Ein besonders gutes Timing ist hier gegeben, wenn Sie den Clicker in dem Moment der Berührung einsetzen.
4. Bauen Sie im nächsten Schritt mehr Distanz zum Zielobjekt auf, indem Sie sich mit dem Hund immer weiter von dem Objekt entfernen, um ihn dann wiederum mit seinem Target-Zwischenkommando darauf loszuschicken.
5. Wenn Ihr Hund zuverlässig zum Zielobjekt hinläuft, um es anzutippen, auch wenn es schon ein bisschen weiter weg steht, können Sie das Zwischenkommando durch den Befehl austauschen, den Sie für das Vorauslaufen aufbauen wollen. Sagen Sie anfangs beispielsweise *Voraus, Nase*.
6. Lassen Sie nach und nach immer häufiger das Target-Zwischenkommando (hier: *Nase*) weg, bis Ihr Hund die Übung auf das neue Signal hin zuverlässig umsetzt.
7. In dieser Übung ist es sinnvoll, auch ein Sichtzeichen als Signal aufzubauen, denn dann können Sie später in schwierigeren Aufgabenstellungen sehr genau die Richtung vorgeben. Achten Sie darauf, dass Ihr Hund Ihr Sichtzeichen – beispielsweise die aufrechte gehaltene und gestreckte Hand – gut erkennen kann!

Rechte Seite: Beim Einweisen ist darauf zu achten, dass der Hund – so wie hier – die Handzeichen gut sehen kann.

Runter

Diese Übung dient ebenfalls dem Ausbau der Führigkeit und zwar sowohl im Alltag als auch als Übungselement.

Ziel

In dieser Übung soll Ihr Hund von einem Gegenstand herunterspringen, auf dem er sich gerade befindet.

Infos

Besonders leicht ist diese Handlung als Targetübung zu trainieren. Als Zielobjekt bietet sich hier die eigene Handfläche an, die Ihr Hund mit seiner Nase berühren soll.

So geht's

1. Lassen Sie Ihren Hund (ggf. durch Locken) irgendwo draufspringen, um ihn durch das Präsentieren des von Ihnen gewählten Zielobjektes (also z. B. Ihrer Hand) bald wieder herunterspringen zu lassen.
2. Halten Sie hierzu Ihre Hand so weit von dem Objekt entfernt, auf dem sich Ihr Hund befindet, dass Ihr Hund runterspringen muss, um Ihre Hand anzutippen.
3. Führen Sie das Kommando (z. B. *Runter*) ein, wenn Sie sicher sind, dass Ihr Hund umgehend danach herabspringen wird.

Statt vieler Worte

Die Präsentation der Handfläche ist für den Hund ein Sichtzeichen, das ebenfalls Signalcharakter haben kann. Sie können dieses noch verstärken, indem Sie zusätzlich eine ausladende Bewegung mit dem Arm machen.

Varianten

Üben Sie den Befehl *Runter* mit verschiedenen Gegenständen, etwa zu Hause das herunterspringen von einem Sessel oder unterwegs von einem Mäuerchen, einer Parkbank, dem Autositz usw. Auf diese Weise kann Ihr Hund die Übung schnell generalisieren.

Trainieren Sie die Übung Runter nach und nach auch auf Distanz. Es lohnt sich für ein gutes Timing, hier den Clicker einzusetzen.

Rechte Seite oben: Das Kommando Runter löst bei diesem Hund ein positives Trainingsbild aus.

Rechte Seite unten: Das Anstupsen der Hand ist die Endhandlung, mit der die Belohnung verknüpft ist.

Beinarbeit

Aus der Grundposition und dem „klassischen Fußlaufen“ lassen sich verschiedene ansprechende Positionen und Laufbewegungen ableiten. Diese mit dem Hund zu erarbeiten, bringt Schwung in den Trainingsalltag und kann eine tolle Basis für eine Vorführung sein.

Grundposition

Im Hundesport ist als Grundposition die linke Seite des Menschen definiert. Im Spaßtraining gilt diese Einschränkung nicht.

Ziel

Ihr Hund soll an Ihrer Seite eng und parallel zu Ihnen ausgerichtet sitzen, oder – wie in vielen der Spaßübungen noch praktischer – stehen.

Infos

Aus der Grundposition lässt sich spielend das Fußlaufen in vier Himmelsrichtungen erarbeiten. Und für alle die nicht genug bekommen können, lässt sich die Übung jeweils an der rechten und linken Körperseite des Menschen umsetzen.

Die Wahl der Endposition

Trainieren Sie diese Übung nicht für hundesportliche Aktivitäten, sondern einzig zur Beschäftigung mit ihrem Hund, ist statt des Sitzens das Stehen an Ihrer Seite die idealere Endposition für die meisten der in diesem Buch vorgestellten Übungen.

So geht's

1. Nehmen Sie ein Leckerchen in Ihre linke Hand.
2. Lassen Sie Ihren Hund von vorne auf sich zulaufen, zeigen Sie ihm das Leckerchen und ziehen Sie dann die linke Hand weit nach hinten. Ihr Hund soll dem Lockmittel folgen.
3. Beschreiben Sie nun mit dem Lockmittel in der Hand möglichst weit hinter sich einen Bogen von außen nach innen und ziehen Sie Ihre Hand dann wieder eng an Ihrem Bein nach vorne.
4. Ihr Hund hat hinter Ihnen gewendet und steht nun links neben Ihnen. Wenn Sie hierbei darauf achten, dass Ihr Hund sich zwischen Lockleckerchen (das also „außen" an der Schnauze gehalten wird) und Ihrem Bein befindet, ist er ganz automatisch parallel zu Ihnen ausgerichtet.

Rechte Seite oben: Aus einer perfekten Grundposition heraus ist das Fußlaufen eine Leichtigkeit.

Rechte Seite unten: Aufmerksam und parallel – so ist Ihr Hund garantiert für jeden Beinarbeitsspaß zu haben.

5. Für den Abschluss in der Steh-Position erhält der Hund Ihr Lockleckerchen, wenn er in der angestrebten Art ruhig neben Ihnen steht direkt als Belohnung. Wenn Sie die Sitz-Position wählen, ziehen Sie Ihre Hand nun noch leicht nach oben, um den Hund zum Sitzen zu animieren.
6. Belohnen Sie ihn dann mit dem Lockleckerchen, sobald er mit seinem Po den Boden berührt.
7. Lösen Sie in beiden Fällen die Übung aber noch nicht auf, sondern warten Sie, bis Ihr Hund Sie anschaut. Belohnen Sie diesen Blickkontakt und lösen die Übung erst anschließend auf.
8. Üben Sie das Einfinden in der Grundposition zunächst ohne Kommando, bis Ihr Hund alle Details gut beherrscht und sich seiner Sache sicher ist. Führen Sie dann ein Kommando ein (z. B. *Ran* – oder *Fuß*, wenn dieses Kommando noch nicht anders belegt ist).
9. Bauen Sie zeitgleich das Lockleckerchen ab, indem Sie zunächst noch die Handbewegung einsetzen, jedoch ohne ein Lockleckerchen zu benutzen.
10. Belohnen Sie Ihren Hund weiterhin in der von Ihnen gewählten und von ihm möglichst körpernah ausgeführten Endposition der Übung.

Linke Seite: Auch in turbulenten Situationen leistet die Grundstellung in Konzentration gute Dienste.

Varianten

Lassen Sie Ihren Hund in der Grundposition Positionswechsel (*Sitz – Platz – Steh*) machen. Achten Sie darauf, dass er dabei trotzdem die parallele Ausrichtung zu Ihnen beibehält.

Bringen Sie Ihrem Hund die gleiche Übung rechts bei. Damit Ihr Hund die Übungen gut unterscheiden kann, gilt es hierfür ein anderes Kommando (z. B. *Seite*) aufzubauen.

Üben Sie das Einfinden in der Grundposition aus jeder Lebenslage. Rufen Sie den Hund hierzu heran und signalisieren Sie ihm, wenn er dicht bei Ihnen ist, dass er sich in die Grundposition begeben soll.

Fußlaufen

Akkurates Fußlaufen ist eine Übung aus dem Grundgehorsam. Sie erfordert ein hohes Maß an Konzentration.

Ziel

Unter dem Kommando *Fuß* soll Ihr Hund herkömmlicherweise links an Ihrem Bein laufen. Hierbei soll er parallel zu Ihnen ausgerichtet sein und konzentriert den Blick auf Sie richten.

Infos

Formschönes Fußlaufen lässt sich ganz einfach aus der Grundstellung ableiten.

So geht's

1. Weisen Sie Ihren Hund an, sich in der Grundstellung neben Ihnen einzufinden.
2. Gehen Sie dann einen einzigen Schritt nach vorne. Und wiederholen Sie ggf. das Kommando für die Grundposition, um ihn zum mitkommen zu animieren.
3. Starten Sie jetzt Ihre Bewegung mit dem Bein, neben dem sich Ihr Hund befindet.
4. Belohnen Sie Ihren Hund, wenn er in der Vorwärtsbewegung die parallele und konzentrierte Ausrichtung zu Ihnen beibehält.
5. Wiederholen Sie diese Übung, bis sie zuverlässig gelingt. Erhöhen Sie erst anschließend nach und nach die Anzahl der Schritte.

Varianten

Lassen Sie Ihren Hund Fußlaufen und beschreiben Sie hierbei in einer losen Folge weite Bögen, 90°-Winkel und enge Wendungen nach rechts und links.

Verändern Sie Ihre Laufgeschwindigkeit.

Halten Sie aus dem Fußlaufen mit Ihrem Hund unter dem Kommando *Steh*, *Sitz* oder *Platz* an.

Wählen Sie nach und nach längere Strecken oder solche mit mehr Ablenkung. Gehen Sie unter dem Kommando *Fuß* beispielsweise an anderen Menschen oder Hunden vorbei. Belohnen Sie Ihren Hund für konzentriertes Mitarbeiten!

Eine nette Abwechslung ist, beim Fußlaufen Figuren wie Kreise, Vierecke, Achten usw. auf dem Boden zu beschreiben. Hierbei müssen Sie sich nämlich auch auf die Laufstrecke und nicht nur auf den Hund konzentrieren.

Auch an der rechten Seite Fußlaufen zu können, eröffnet neue Trainingshorizonte.

Trainieren Sie *Sitz*, *Platz* und *Steh* aus dem Fußlaufen, während Sie selbst weiterlaufen.

Lassen Sie Ihren Hund in der Übung Fuß auch einmal einen Gegenstand tragen.

Kombinieren Sie die Übung Fußlaufen mit der Übung Drehen (s. Seite 100).

Trainieren Sie mit Ihrem Hund das Fußlaufen auf der rechten Seite. Benutzen Sie hierfür ein neues Kommando (z. B. *Rechts* oder *Seite*, s. Übung Seite 58).

Hüpfen

Für diese Spaßübung ist ein gutes Timing und enges Zusammenspiel zwischen Ihnen und Ihrem Hund erforderlich.

Ziel

Ihr Hund macht einen kleinen Hopser, indem er auf Ihr Signal hin bei einem Schritt mit einem seiner Vorderläufe nicht auf den Boden aufsetzt.

Infos

Der Übungsaufbau ist recht einfach – vor allem, wenn Ihr Hund die Übungen Fuß (s. Seite 60) und Pfote (s. Seite 84) oder alternativ einen Pfotentarget bereits gut beherrscht.

So geht's

1. Trainieren Sie zunächst, dass Ihr Hund, während er seitlich parallel neben Ihnen steht, die Pfote so einsetzt, dass er Ihre von oben angebotene Hand oder ein anderes Zielobjekt mit dieser berührt. Bleiben Sie selbst hierbei so aufrecht wie möglich und nach vorne ausgerichtet. Dies ist im Grunde nur eine Generalisierungsübung und stellt die meisten Hunde vor keine größeren Probleme.
2. Schulen Sie ihn im nächsten Schritt im Hinblick auf eine besonders zügige Umsetzung nach dem Signal, denn schließlich gilt es nun zu erarbeiten, dass er diese Bewegung auch im Laufen zeigen kann.
3. Besonders ansprechend sieht die Übung aus, wenn Sie selbst zeitgleich mit dem Hopser Ihres Hundes (also genau nachdem Sie Ihrem Hund das Signal gegeben haben) auch einmal hochhüpfen.

Rechte Seite: Timing in der Teamarbeit. Der punktgenaue Hüpfer ist der Kernpunkt dieser Übung.

Rückwärts Fußlaufen

Wenn Ihr Hund parallel neben Ihnen auch rückwärts Fußlaufen kann, sind Hingucker von anderen Personen garantiert.

Ziel

Ihr Hund läuft brav neben Ihnen Fuß – allerdings in dieser Übung im gemeinsamen Rückwärtsgang.

Infos

Es ist von Vorteil, wenn Ihr Hund vorher schon das Kommando *Zurück* (s. Seite 72) gelernt und die wesentlichen Details der Grundstellung („parallel" und „körpernah") gut verinnerlicht hat.

So geht's

1. Lassen Sie Ihren Hund in die Grundposition kommen und dort stehend anhalten. Dann gehen Sie selbst einen kleinen Schritt zurück. Wiederholen Sie hierbei Ihr Kommando für die Grundstellung, um ihn zum Mitmachen zu animieren.
2. Damit Ihr Hund von Anfang an lernt, parallel neben Ihnen zu bleiben statt seitlich abzudriften, ist es ideal, für die Übung einen Maschendrahtzaun als Hilfestellung zu nutzen. Denn durch solch einen luftigen Zaun fühlt er sich nicht so eingeschränkt. Auch unter dem Einsatz eines Hüfttargets kann diese Herausforderung gemeistert werden.
3. Verlängern Sie die Streckenlänge beliebig, sobald Ihr Hund genau weiß, was Sie von ihm verlangen.

Das Positionskommando reicht!

Diese Übung muss nicht in jedem Fall ein eigenständiges Signal erhalten. Sie kann, je nachdem, welche konkreten Details Sie in den Übungen Grundposition, Fuß oder Zurück trainiert haben, auch unter dem gleichen Kommando umgesetzt werden.

Rechte Seite oben: In der Grundübung lernt Ihr Hund, die rechte Hüfte an den Stab zu bringen.

Rechte Seite unten: Im Rückwärtslaufen stellt dann die parallele Ausrichtung kein Problem mehr dar.

Spiegel

Den Anspruch dieser Übung können Sie leicht verändern, da sie sich vorwärts oder rückwärts umsetzen lässt.

Ziel

Der Hund berührt in dieser Übung mit seiner Schnauze oder seinem Kopf außen Ihr Bein. Diese Position soll er auch beim Laufen halten.

Infos

Diese Übung lässt sich besonders leicht mittels Clicker und unter Zuhilfenahme eines Targets trainieren.

So geht's

1. Befestigen Sie Ihr Targetobjekt (z. B. ein Klebestreifen) so an Ihrem Bein, dass Ihr Hund das Objekt gut erreichen kann, und zwar in genau der Art, wie Sie es sich für diese Übung wünschen (beispielsweise mit der Seite der Schnauze oder seinem Kopf).
2. Ihr Hund steht Ihnen frontal, jedoch leicht seitlich versetzt, gegenüber. Belohnen Sie ihn, wenn er aus dieser Position heraus eigenständig das Targetobjekt berührt.
3. Führen Sie das Kommando *Spiegel* ein, wenn alles gut gelingt und Sie bereit sind, die Hilfen abzubauen.
4. Lassen Sie Ihren Hund dann unter dem Kommando *Spiegel* laufen. Wenn Sie rückwärtsgehen, ist die Übung für den Hund wesentlich einfacher umzusetzen.
5. Hilfreich für den umgekehrten Fall ist, dass Ihr Hund mit der Zurück-Übung bereits vertraut ist.
6. Bemüht sich Ihr Hund, den Kontakt an Ihrem Bein nicht zu verlieren, hat er sich in jedem Fall eine tolle Belohnung verdient!

Rechte Seite: Positionstraining leicht gemacht: Die linke Schnauzenseite berührt das Zielobjekt.

Krabbengang

Der Krabbengang beschreibt das seitliche Versetzen. Die Bewegung können Sie variantenreich umsetzen.

Ziel

Der Hund soll in dieser Übung, ähnlich wie Pferde beim Dressurreiten, seitwärts laufen.

Infos

Diese Übung sieht spektakulär aus und ist nicht einmal schwer zu trainieren, wenn Ihr Hund die Grundposition allumfassend beherrscht.

So geht's

1. Weisen Sie Ihren Hund an, in stehender Position die Grundstellung einzunehmen. Gehen Sie nun einen kleinen Schritt seitlich von ihm weg, während Sie ihn über das Kommando der Grundposition anweisen, eng und parallel an Ihrer Seite zu bleiben.
2. Belohnen Sie Ihren Hund, wenn er Ihnen seitlich folgt. Achten Sie im Moment der Belohnung von Anfang an strikt darauf, dass er sich auch wirklich wieder parallel ausgerichtet hat. Anfangs „vergessen" einige Hunde in dieser Übung nämlich zunächst auch ihren Allerwertesten zu bewegen.
3. Erhöhen Sie auch hier die Anzahl der Schritte erst, wenn der eine Schritt in Perfektion klappt.

Eine interessante Variante: Das Überkreuzen der Beine in der sitzenden Position.

4. Beim Seitwärtslaufen muss Ihr Hund entweder sehr kleine Schritte machen oder die Füße überkreuzen. Lassen Sie ihn die Übung zunächst so ausführen, wie es ihm leichter fällt. An Feinheiten können Sie später ggf. noch feilen. Wenn Sie möchten, dass Ihr Hund bei der Seitwärtsbewegung seine Füße überkreuzt (was Sie zur Steigerung der Eleganz übrigens auch in Ihre Bewegung einbinden können), leistet der Clicker allerbeste Dienste. Besonders akkurat ist das Timing oft, wenn eine Hilfsperson mit geschultem Blick aus einer frontalen Position das Clicken für Sie übernimmt. Der Hund erhält in diesem Fall seine Belohnung wie gewohnt von Ihnen.

Varianten

Üben Sie das seitliche Versetzen an Ihren beiden Seiten. Der Hund muss dann einmal nach rechts und einmal nach links laufen.

Eine „freie Variante" des seitlichen Versetzens können Sie trainieren, indem Sie Ihren Hund nicht neben sich, sondern in frontaler Ausrichtung zu sich starten lassen.

Konzentration pur: Kleine Schritte und punktgenaue Belohnungen führen zum Erfolg.

Auch Varianten können weiter abgewandelt werden. Hier: Überkreuzen im Stehen.

Mitte und Zwischen

Zwei vergleichsweise einfache Übungen, für die ein intaktes Vertrauensverhältnis die Grundvoraussetzung ist.

Ziel

In der Basisvariante dieser Übung (Mitte) soll Ihr Hund ruhig zwischen Ihren gegrätschten Beinen stehen.

Infos

Die Position Zwischen ist im Prinzip die umgedrehte Form von Mitte. Sprich, bei Mitte steht der Hund unter Ihnen und guckt in dieselbe Richtung wie Sie, bei Zwischen steht er anders herum.
Für fortgeschrittene Teams sind auch diverse Kombinationen und Abwandlungen möglich.

So geht's

1. Stellen Sie sich mit gegrätschten Beinen und mit dem Rücken zum Hund dicht vor Ihren Vierbeiner.

Zu Beginn des Trainings darf ruhig ein wenig geholfen werden.

Ist die Position vertraut, gibt es keine Einschränkungen mehr für weitere Späße.

Abwandlungen in den Positionen sind auch eine Herausforderung.

2. Animieren Sie ihn beispielsweise mit einem in der Hand gehaltenen Lockmittel, das Sie ihm zwischen Ihren Beinen zeigen, ein paar Schritte nach vorne und somit unter Sie zu treten.
3. Belohnen Sie ihn dort umgehend.
4. Führen Sie, wenn dies ca. zehn Mal gut gelungen ist, ein Kommando (z. B. *Mitte*) ein und verlängern Sie schrittweise die Zeit, die er dort ruhig und entspannt steht. Lösen Sie die Übung jeweils mit dem Auflösesignal auf.

Varianten

Mitte: Wenn Ihr Hund die Grundübung gut beherrscht, können Sie versuchen, mit ihm vorwärtszulaufen. Hierbei muss er auf Ihre Geschwindigkeit achtgeben, denn nach wie vor erhält er die Belohnung nur in der Position!

Zwischen: Auch in dieser Position kann der Hund mit Ihnen laufen. Da er andersherum steht, muss er jedoch rückwärtslaufen, wenn Sie vorwärtsgehen und umgekehrt.

Lassen Sie Ihren Hund in der Position Mitte oder Zwischen auch andere Übungen machen – beispielsweise Sitz oder Platz.

Auch eine Kombination mit der Übung Rolle (s. Seite 110) ist möglich. Sie müssen dann die Grätsche öffnen, indem Sie Ihr Bein anheben. Bitte berücksichtigen Sie die bei dieser Übung für manche Hunde stärkere Gefahr der Magendrehung!

Weisen Sie Ihren Hund an, aus der Position Mitte oder Zwischen auf Ihr Signal hin in die rechte oder linke Grundposition zu wechseln.

Zurück

Das Rückwärtslaufen ist eine ansprechende Spaßübung, die auch für den Einsatz im Alltag praktisch ist.

Ziel

Ihr Hund soll eigenständig in möglichst gerader Linie rückwärtsgehen und zwar unabhängig von Ihnen bzw. Ihrer Raumposition.

Infos

Es gibt viele Möglichkeiten, dem Hund das Rückwärtsgehen beizubringen. Das freie Formen stellt eine für viele Hunde geeignete Trainingsmöglichkeit dar.

So geht's

1. Möchten Sie die Übung nicht frei formen, könnte Ihnen folgender Ansatz liegen: Wählen Sie für den Anfang eine Situation, in der Ihr Hund kaum die Möglichkeit hat, seitlich „auszubrechen", z. B. neben einem Mäuerchen. Lassen Sie ihn frontal vor sich stehen und machen Sie eine winzige und vor allem unbedrohliche Bewegung auf ihn zu. Halten Sie Ihren Blick auf seinen Po gerichtet und belohnen Sie ihn, sobald er einen seiner Hinterfüße nach hinten setzt. Den Moment der Bewegung können Sie gut mit dem Clicker einfangen.

Für den Belohnungsmoment sollte die Konzentration auf die Hinterhand gerichtet sein.

Wichtig ist, ihm das versprochene Leckerchen so zukommen zu lassen, dass er möglichst nach dem Click keine Vorwärtsbewegung macht, denn dies würde zu einem Fehler in Form eines Vor- und Zurückpendelns führen.

2. Setzen Sie in den nächsten Übungsdurchgängen in kleinen Schritten Ihren Anspruch hoch und verlangen Sie nach diesem ersten Schritt auch bald den zweiten usw. Wichtig ist, dass der Hund nicht überfordert wird, denn sonst beginnt er, Fehler zu machen.
3. Dehnen Sie, wie gerade beschrieben, langsam die Wegstrecke aus, die Ihr Hund rückwärtslaufen soll und bauen Sie jede Hilfestellung ab. Achten Sie auch jetzt darauf, Ihren Hund nach Möglichkeit dort zu belohnen, wo er die Übung noch fehlerfrei gezeigt hat. Werfen Sie ihm hierzu das Leckerchen zu, wenn er sich unter dem Kommando schon weiter von Ihnen entfernt hat.

Varianten

Eine tolle Abwandlung ist es, wenn Sie und Ihr Hund gleichzeitig rückwärtslaufen. Auf diese Weise entfernen Sie sich immer mehr voneinander. Bauen Sie die Distanz auch hier schrittweise auf.

Ein großes Maß an Geschick und Vertrauen erfordert es, eine Treppe rückwärts zu erklimmen. Gehen Sie zu Beginn des Trainings die Treppe zunächst mit dem Hund hinunter und lassen Sie ihn mit den Hinterpfoten auf der letzten Stufe stehen. Da der Hund mit den Vorderfüßen den Boden berührt, hat er schon die richtige Körperhaltung. Verlangen Sie dann das schon auf ebenem Boden geübte gradlinige *Zurück*. Sie können hierbei vor oder neben Ihrem Hund stehen, was der Übung Rückwärts Fußlaufen (s. Seite 64) entspricht.

Wenn Mensch und Hund gleichzeitig rückwärtsgehen, wird die Übung anspruchsvoller.

Schleife

Ist Ihr Hund nicht zu groß und passt gut unter Ihren Beinen hindurch, ist diese Übung ein toller Trick.

Ziel

In dieser Übung soll Ihr Hund Achter-Runden um Ihre Beine laufen.

Infos

Hier kann der Clicker wertvolle Dienste leisten, um dem Hund die Feinheiten der Übung zu vermitteln. Aber auch ohne Clicker ist ein Aufbau mittels Lockmittel möglich.

So geht's

1. Stellen Sie sich mit gegrätschten Beinen auf und lassen Sie Ihren Hund aus der linken Grundposition starten.
2. Locken Sie ihn mit einem Leckerchen oder Spielzeug von vorne nach hinten durch Ihre Beine hindurch und von hinten rechts herum um Ihr rechtes Bein, sodass er rechts in der Grundposition herauskommt.
3. Dann wiederholen Sie die Bewegung spiegelbildlich. So landet er schlussendlich wieder in der linken Grundposition, wo er seine Belohnung bekommt.
4. Führen Sie ein Kommando ein (z. B. *Schleife*), sobald Ihr Hund dem Lockleckerchen bereitwillig folgt.
5. Bauen Sie dann langsam die Hilfen ab, indem Sie Ihrem Hund die Bewegung nicht mehr so deutlich mit den Händen bzw. mit der in Aussicht gestellten Belohnung vorgeben. Lassen Sie ihn stattdessen immer eigenständiger arbeiten, bevor er die Belohnung erhält.

Staus vermeiden

Belohnen Sie Ihren Hund in dieser Übung stets nur außen am Bein. Denn so lernt er, dass er zumindest eine halbe Acht laufen muss und bleibt in dieser Übung nie mittig zwischen Ihren Beinen stehen.

Varianten

Wenn Ihr Hund eine sichere Verknüpfung mit dem Befehl hergestellt hat, können Sie ihn auch mehrere Achter-Runden hintereinander laufen lassen, indem Sie ihm noch im Bewegungsfluss der ersten Achter-Runde erneut das Kommando geben.

Lassen Sie Ihren Hund nur eine halbe Achter-Runde laufen, indem Sie ihn mit dem Kommando *Seite* nach einer halben Runde stoppen und ihn in der rechten Grundposition belohnen. Diese Übung können Sie beim Fußlaufen auch als eleganten Seitenwechsel einbauen.

Lassen Sie den Hund abseits von Ihnen Achter-Runden um zwei nahe beieinanderstehende Gegenstände laufen. Da der Hund die Übung hier auf eine völlig andere Situation übertragen muss, ist anfangs in aller Regel ein wenig Hilfestellung nötig.

Nehmen Sie einen Gehstock oder Regenschirm zu Hilfe und lassen Sie den Hund zwischen Ihren Beinen und dem Schirm Achter-Runden laufen, indem Sie den Stock auf dem Boden aufgestellt halten.

Der Hund muss sich von vorne nach hinten einfädeln, um diese Übung gut zu meistern.

Die Belohnung gibt es anfänglich an jeder Seite, später erst nach mehreren Touren.

Spanischer Schritt

Rhythmisch im Spanischen Schritt zu laufen, ist die Möglichkeit für Ihren Hund, seine volle Eleganz auszuspielen.

Ziel

Ihr Hund soll in einem rhythmischen Laufmuster beim Fußgehen die Vorderpfoten weiter als üblich in die Luft werfen.

Infos

Manche Hunde bieten von sich aus in einer bestimmten Fußlauf-Geschwindigkeit den Spanischen Schritt an.

So geht's

1. Naturtalente fördern: Sollte Ihr Hund in einer bestimmten Geschwindigkeit in der Fußlaufübung beginnen, die Vorderfüße hochzuwerfen, wie Sie es sehen möchten, können Sie den Spanischen Schritt auf einfache Art mit dem Clicker ausarbeiten.
2. Für die anderen Kandidaten empfiehlt es sich, sich die im folgenden Kapitel beschriebenen Übungen Pfote (s. Seite 84) bzw. High Five (s. Seite 86) zunutze zu machen oder die Übung dem Hund mittels Targettraining zu vermitteln.
3. Egal, welcher Methode Sie sich bedienen, belohnen Sie Ihren Hund anfangs möglichst schon nach ein bis vier Schritten. Er muss erst verstehen, dass es darum geht, dass er seine Vorderpfoten im Laufen schwungvoll und höher als üblich nach oben werfen soll. Wenn Sie mit dem Clicker arbeiten, können Sie feine Details am besten abpassen und entsprechend verstärken. Achten Sie auf einen rhythmischen Wechsel zwischen rechter und linker Pfote.
4. Führen Sie das Kommando (z. B. *Pferdchen*) ein, wenn Sie sicher sind, dass Ihr Hund die Übung fehlerfrei umsetzen kann und bauen Sie gleichzeitig alle Hilfen ab.

Variante

Lassen Sie Ihren Hund an Ihrer rechten und linken Seite im Spanischen Schritt laufen.

Rechte Seite: Trockenübungen mit einem Targetobjekt, um die Höhe des Beinschwungs zu perfektionieren.

Beineslalom

Der Beineslalom ist eine tolle bewegungs- und konzentrationsintensivere Abwandlung der Übung Schleife.

Ziel

Der Hund soll sich in Ihrem Laufrhythmus durch Ihre Beine schlängeln, während Sie vorwärtslaufen.

Infos

Es ist sinnvoll, zunächst die Übung Schleife (s. Seite 74) zu erarbeiten, denn der Beineslalom stellt eine Erweiterung dar.

So geht's

1. Lassen Sie Ihren Hund wieder aus der linken Grundposition starten.
2. Stellen Sie sich diesmal aber nicht mit seitlich gegrätschten Beinen auf, sondern machen Sie mit dem rechten Bein einen Schritt nach vorne und bleiben Sie zunächst so stehen.
3. Lassen Sie Ihren Hund mit dem Kommando *Schleife* starten und machen Sie selbst einen weiteren Schritt nach vorne, sobald Ihr Hund durch Ihre Beine durch an Ihre rechte Seite gelaufen ist.
4. Achten Sie darauf, sich nicht zu schnell zu bewegen.
5. Wenn Sie statt des Kommandos *Schleife* für diese Übung lieber ein eigenständiges Kommando benutzen möchten, können Sie beispielsweise *Slalom-Schleife* sagen, bis Ihr Hund schließlich bereits beim Wort *Slalom* startet.

Variante

Eine Abwandlung dieser Übung ist das Slalomlaufen durch die Beine, während Sie selbst rückwärtsgehen. Ihr Hund muss hierbei, anders als sonst, von außen in den Slalom einfädeln, sonst sieht die Übung ungelenk aus, weil ein lockerer Bewegungsfluss Ihrerseits nicht möglich ist.
Wenn der Hund die Übungen Schleife und den Beineslalom vorwärts schon beherrscht, gibt es selten Verständnisprobleme auf Hundeseite. Lassen Sie ihn frontal vor sich stehen und machen Sie mit dem rechten Bein einen großen Schritt rückwärts. Weisen Sie Ihren Hund an, von außen an Ihrem linken Bein vorbei durch Ihre Beine hindurch nach rechts zu gehen. Belohnen Sie ihn dort. Machen Sie dann einen Schritt mit dem linken Bein nach hinten und wiederholen Sie die Übung spiegelverkehrt. Belohnen Sie den Hund jetzt links. Richtig gut gelingt die Übung, wenn das Gesamtbild flüssig ist.

Rechte Seite: Wenn Sie die Belohnungsleckerchen immer von außen geben, kommt es zu keinen Staus zwischen den Beinen.

Rückwärtsslalom

Ein gutes Körpergefühl auf Hundeseite ist eine wesentliche Voraussetzung für dieses anspruchsvolle Kunststück.

Ziel

In dieser Trainingsherausforderung soll Ihr Hund rückwärts durch Ihre Beine laufen.

Infos

Für den Hund ist es in dieser Übung einfacher, wenn Sie selbst auch rückwärtsgehen.

So geht's

1. Lassen Sie den Hund stehend aus der linken Grundposition starten.
2. Sie selbst machen einen großen Schritt mit dem rechten Fuß nach hinten und bleiben zunächst so stehen.
3. Locken Sie Ihren Hund anfangs mit einem Leckerchen in einem weiten Bogen mit der Nase nach außen. Folgt er mit der Nase dem Lockleckerchen, dreht sich sein Po automatisch in Ihre Richtung.

Sich rückwärts einzufädeln, kostet den Hund volle Konzentration.

4. Wenn er so steht, dass er rückwärts durch Ihre Beine laufen kann, können Sie ihn unterstützen, indem Sie ihn mit dem Leckerchen „schieben“ oder das Kommando *Zurück* einsetzen, wenn es ihm gut vertraut ist. Clicken Sie während der Rückwärtsbewegung, aber belohnen Sie ihn erst, wenn er auf der rechten Seite angekommen ist und parallel neben Ihnen in der Grundposition steht. Wichtig ist, dass Sie ihn mit dem Leckerchen „abholen“, das Sie in Ihrer rechten Hand halten. Halten Sie ihm, sobald seine Nase von rechts erreichbar ist, das Leckerchen vor und dirigieren Sie ihn in die parallele Ausrichtung.
5. Den nächsten Bogen muss der Hund spiegelverkehrt von rechts nach links ausführen. Das Lernprinzip ist hierbei das gleiche.

Der kleine Hüftschwung

In dieser Übung muss Ihr Hund zweimal mit seinem Po voran eine kleine Wendung vollführen. Der erste Bogen gelingt meist noch problemlos, aber dann kommt der Hund nicht automatisch wieder auf der anderen Seite parallel neben dem Bein raus, sondern steht, gemäß seiner letzten Bewegungsrichtung, im rechten Winkel. Falls Ihr Hund hierzu neigt, können Sie anfangs eine Wand zu Hilfe nehmen, sodass er, wenn er durch Ihre Beine läuft, schnell mit dem Po nach hinten abbiegen muss, um nicht gegen die Wand zu stoßen.

Feinschliff im Belohnungsmoment – so wird der nächste Bogen vorbereitet.

Handarbeit

Sie können Ihren Hund mit seinen Pfoten eine Vielzahl von Aufgaben erledigen lassen und zwar sowohl aus dem Spaß- als auch aus dem Arbeitssektor. Alleine das klassische „Pfötchengeben“ ist beispielsweise zum Pfotenabtrocknen sehr praktisch ...

Pfote

Geschickt die Pfoten einzusetzen, ist keine reine Katzendomäne. Auch viele Hunde beweisen viel Talent.

Ziel

In dieser Übung soll Ihr Hund eine bestimmte Pfote heben und auf der Hand oder einem Objekt ablegen.

Infos

Das Pfötchengeben ist der Klassiker unter den „Handarbeitsübungen“. Mit dieser Übung schaffen Sie gleichzeitig auch eine sehr gute Basis für andere Aufgaben.

So geht's

1. Das Pfötchengeben können Sie Ihrem Hund als frei geformte Übung mit dem Clicker vermitteln. Die folgenden Schritte beschreiben aber einen Übungsaufbau mit einem Lockmittel:
2. Nehmen Sie ein attraktives Futterstückchen in die Hand und lassen Sie Ihren Hund hierbei zuschauen.
3. Halten Sie das Futter dann mit der ganzen Hand umschlossen Ihrem Hund etwa auf Höhe des Schultergelenks mit etwa 15 Zentimeter Abstand vor seine Brust.
4. Warten Sie geduldig, bis Ihr Hund als Bettelgeste oder aus Gier mit der Pfote nach der in Ihrer Hand verborgenen Belohnung angelt. Belohnen Sie anfangs auch kleine Bewegungen und steigern Sie dann den Anspruch, bis Ihr Hund weiß, was zu tun ist.
5. Führen Sie das Kommando (z. B. *Pfote*) ein, wenn Sie mit der Leistung Ihres Hundes zufrieden sind. Definieren Sie zuvor wichtige Details, etwa ob Ihr Hund Ihre Hand mit seiner Pfote anschlagen oder seine Pfote auf Ihrer Hand belassen soll.

Varianten

Fast jeder Hund hat eine Schokoladenseite, was den Einsatz seiner Pfoten anbetrifft. Bringen Sie Ihrem Hund bei, auch die andere Pfote einzusetzen. Führen Sie für diese neue Übung ein anderes Sprachkommando ein. Wenn Ihr Hund Hilfestellung benötigt, ist es sinnvoll, die ihm angebotene Hand nicht mittig vor dem Hundekörper zu halten, sondern eher auf der Seite, mit der er arbeiten soll.

Lassen Sie sich zur Abwechslung die Pfote nicht nur auf die Hand geben, sondern bieten Sie Ihrem Hund auch einmal den Fuß oder ein ganz anderes Objekt als Stütze an.

Verlangen Sie die Übung von Ihrem stehenden, sitzenden oder liegenden Hund.

Trainieren Sie, dass auch Sie unterschiedliche Haltungen einnehmen können, beispielsweise neben dem Hund hockend, hinter dem Hund stehend oder gar liegend.

Als Partygag ist es immer wieder lustig, wenn der Hund auch fremden Menschen bereitwillig die Pfote gibt, wenn diese ihm ihre Hand entgegenstrecken. Spannen Sie Hilfspersonen ein, die Ihnen hierbei helfen. Achten Sie darauf, dass der Hund locker und entspannt ist und sich durch die leicht nach vorne geneigte Haltung und den meist konzentrierten Blick der Personen nicht bedroht fühlt.

Das Pfotengeben ist auch für bestimmte „Ernstfälle“ gut. Bereiten Sie Ihren Hund darauf vor, an den Pfoten auch verschiedene Manipulationen vornehmen zu können. Feilen Sie beispielsweise eine Kralle oder untersuchen Sie den Zwischenzehenraum. Arbeiten Sie kleinschrittig, damit Ihr Hund diese Handlungen nicht als bedrohlich empfindet. Das Ziel ist, dass der Hund mit dieser Übung einen starken persönlichen Erfolg verbindet. Belohnen Sie ihn daher anfangs schon nach kurzer Zeit.

Die Nähe zum Zielobjekt „Hand“ spielt bei der Wahl der Pfote ein Rolle.

Eine interessante Abwandlung dieser Übung ist, sich vom Hund auch dessen Hinterpfoten geben zu lassen. Den meisten Hunden bereitet dies deutlich mehr Probleme, als bei den Vorderpfoten. Leichtes Spiel haben Sie mit dem Clicker, denn durch das optimierte Timing können Sie dem Hund leichter vermitteln, was Sie möchten. Zum Aufbau dieser interessanten Variante eignet sich sowohl das freie Formen als auch ein Targetaufbau.

High Five

Hat Ihr Hund eine lässige Ausstrahlung? Falls ja, sollte solch ein cooles Kerlchen auch coole Gesten beherrschen.

Ziel

In der Übung High Five soll Ihr Hund seine Pfote an Ihrer Hand „abklatschen".

Infos

Im Übungsaufbau können Sie sich entweder eines Lockleckerchens bedienen, das Sie zwischen den Fingern an der geöffneten Hand einklemmen, oder als eleganteren Trainingsschritt eine Targetkonditionierung vorschalten.

So geht's

1. Verändern Sie Ihre Handposition, die Ihr Hund schon aus der Übung Pfote (s. Seite 84) kennt, schrittweise so, dass Sie sie ihm mehr und mehr in Abklatschart anbieten.
2. Belohnen Sie Ihren Hund, wenn er die Pfote gut in die Luft streckt und sich bemüht, Ihre Hand zu treffen.
3. Führen Sie Ihr Kommando (z. B. *High Five*) ein, wenn er ohne Fehlversuche absolut zuverlässig „abklatschen" kann.

Varianten

Üben Sie High Five sowohl mit der rechten als auch mit der linken Vorderpfote.

Eine tolle Abwandlung ist es, den Hund die Pfote ins Leere halten zu lassen. Vor allem, wenn Sie in dieser Übung auch die Zeit ausdehnen, denn hieraus lässt sich eine nette kleine Show ableiten: Stellen Sie sich vor Ihren Hund und fragen Sie ihn zum Beispiel „Wer weiß, wo ein Spielzeug ist?" Geben Sie ihm zunächst an dieser Stelle das Kommando *High Five* oder, noch eleganter, ein entsprechend subtiles Sichtzeichen. Tauschen Sie später das Kommando gegen Ihre Frage, sodass diese zum Signal für die Übung wird. Der Hund streckt nun die Pfote in die Luft, als ob er sich meldet. Lassen Sie ihn dann sein Lieblingsspielzeug holen, indem Sie sagen: „Dann zeig mir den Ball!" oder etwas Ähnliches. Besonders lustig sieht diese Show aus, wenn mehrere Hunde vor einem sitzen. Es reicht hierbei, wenn einer der „Schlaumeier" ist.

Mit der Pfote treffsicher die Hand in der High-Five-Position anzusteuern, ist eine Frage der Übung.

Bitte

Eine höfliche Geste beim Betteln zahlt sich sicher aus. Ob das Ihr Hund auch weiß?

Ziel

In der Übung Bitte soll Ihr Hund beide Vorderpfoten gleichzeitig nach oben in die Luft strecken und die Füße dabei möglichst eng beisammen lassen.

Infos

Diese Übung können Sie wahlweise aus den Übungen Männchen (s. Seite 118) oder High Five (s. Seite 86) erarbeiten.

So geht's

1. Beherrscht Ihr Hund schon eines dieser Kommandos, können Sie mit der altbekannten Übung starten.
2. Zum Feinschliff dieser neuen Übung locken Sie ihn dann beispielsweise weiter in die gewünschte Endposition und belohnen ihn dort. Lerntechnisch gesehen ist es aber eleganter, die Bitte-Position als Targetübung zu erarbeiten und den Clicker als Verstärker einzusetzen.

Hilfestellungen müssen für eine perfekte Umsetzung der Übung wieder abgebaut werden.

Winken

Mal so richtig tierisch verabschieden? Mit dieser Geste sieht es auf jeden Fall sehr wohlerzogen aus.

Ziel

Ihr Hund soll hierbei seine Pfote für einen Moment in der Luft halten – im Idealfall mit Ruderbewegungen.

Infos

Das Winken können Sie aus dem normalen Pfötchengeben (s. Seite 84) oder – noch ansprechender – aus der Übung High Five (s. Seite 86) ableiten.

So geht's

1. Lassen Sie Ihren Hund zunächst eine der beiden Grundübungen machen, ohne ihm jedoch ein konkretes Ziel (Ihre Hand) anzubieten bzw. dieses wieder zu entziehen.
2. Wiederholen Sie hierbei das Kommando, um ihn etwas länger bei der Stange zu halten.
3. Da es für einen Hund relativ anstrengend ist, die Pfote ein Weilchen hoch in der Luft zu halten, fangen die meisten Hunde spontan an zu rudern. Das ist hier ganz in unserem Sinne. Belohnen Sie Ihren Hund für sein Bemühen.
4. Führen Sie ein neues Kommando (z. B. *Winken*) ein, sobald Sie erkennen, dass Ihr Hund verstanden hat, auf was es Ihnen ankommt.

Eine Übung, die vor allem Kinder begeistert: Das Winken zum Abschied.

Variante

Aus dieser Übung können Sie leicht eine Spaßübung abwandeln, bei der Ihr Hund ein paar Schritte „humpelnd" auf drei Beinen laufen soll. Der einzige Unterschied zum Winken ist, dass er nun in Bewegung ist. Beim Aufbau, der auch als Ableitung aus der Übung Spanischer Schritt denkbar ist, zahlt sich der Einsatz eines Zielobjektes als Trainingshilfe aus. Führen Sie hier das Kommando (z. B. *Humpeln*) ebenfalls erst dann ein, wenn Sie mit der Leistung Ihres Hundes in allen Details zufrieden sind.

Elegant

Besonders apart sieht diese Übung aufgrund der längeren Beine bei großen und schmal gebauten Hunden aus.

Ziel

Sehr elegant: Ihr Hund schlägt im Liegen die Vorderpfoten übereinander.

Infos

Bietet Ihr Hund diese Verhaltensweise von sich aus immer wieder an, stärken Sie das Verhalten spontan mit dem Clicker und setzen es schließlich auf Kommando.

So geht's

1. Sollte Ihr Hund diese Angewohnheit nicht haben, können Sie ihm die entsprechende Haltung leicht über den Einsatz eines zuvor konditionierten Targetobjekts beibringen.
2. Verlangen Sie von Ihrem Hund zunächst *Platz*.
3. Wenn er beispielsweise gelernt hat, mit seiner rechten Pfote das Targetobjekt zu berühren, halten Sie das Zielobjekt (aus frontaler Sicht betrachtet) rechts neben die linke Pfote des Hundes auf den Boden und weisen Sie ihn an, das Objekt zu berühren.
4. Belohnen Sie ihn, wenn er alles richtig macht.
5. Der Clicker kann Ihnen hier einmal mehr gute Dienste für ein punktgenaues Timing erweisen.
6. Sollte Ihr Hund versuchen, sich erst in eine bessere Position zu bringen, bevor er das Zielobjekt berührt, können Sie den entsprechenden Zielgegenstand zunächst auch links neben die linke Pfote und im nächsten Schritt auf die Pfote legen, um die Übung in noch weitere Einzelteile zu splitten.

Kleinschrittigkeit ist der Schlüssel zum Erfolg

Achten Sie immer darauf, vom Hund nur das zu verlangen, was er auch wirklich umsetzen kann. Führen Sie erst am Schluss, wenn Ihr Hund schon genau weiß, wie die Endhandlung auszusehen hat, Ihr Kommando (z. B. Elegant) ein.

Variante

Beherrscht Ihr Hund diese Übung, kann er auch lernen, die Übung spiegelverkehrt mit der anderen Pfote auszuführen. Um den Hund nicht zu verwirren, wäre hier die Einführung eines eigenständigen Kommandos sinnvoll.

Die Körpersprache spricht Bände: Wer kann dieser eleganten Ausstrahlung widerstehen?

Goldgräber

Die Begeisterung, im Boden zu graben, ist rassebedingt und auch individuell unterschiedlich stark ausgeprägt.

Ziel

Diese Übung ist im Grunde ein reiner Spaß. Futtersuchespiele können aber auch als Beschäftigungsinhalt eingesetzt werden.

Infos

Viele Hunde lieben es, in lockerer Erde zu buddeln. In diesem Fall stellt es in aller Regel keine Schwierigkeit dar, diese Übung dann auf Kommando zu setzen.

So geht's

1. Zeigt Ihr Hund das Verhalten nicht spontan, können Sie die Übung folgendermaßen aufbauen: Bedecken Sie ein schmackhaftes Leckerchen dünn mit Erde und verleiten Sie den Hund dann, das Futter auszugraben.
2. Setzen Sie Ihr Kommando zum Beispiel *Gold* oder *Gibt's Gold?* und ggf. den Clicker oder eine spontane Belohnung ein, wenn Sie mit dem Resultat der Bewegungen zufrieden sind.

Die Lieblingsübung vieler Hunde. Mit voller Konzentration auf der Schatzsuche.

Wütender Stier

Haben Sie einen schwarzen Hund? Dann können Sie eine ganz besondere Wirkung mit dieser Übung erzielen.

Ziel

In dieser Übung trainieren Sie, anderes als in der Goldgräber-Übung, dass Ihr Hund nur eine Pfote benutzt und am Boden scharrt und nicht buddelt.

Infos

Ein i-Tüpfelchen kann hierbei sein, auch darauf zu achten, dass Ihr Hund seinen Vorderkörper leicht abgesenkt hält.

So geht's

1. Besonders leicht gelingt der Übungsaufbau durch den Einsatz eines mit der Pfote zu berührenden Zielobjekts.
2. Achten Sie strikt darauf, jeweils nur das Arbeiten mit der gewählten Pfote mittels Belohnung zu honorieren.
3. Wenn die Bewegung der eines scharrenden Stieres ähnelt, ist Ihr Hund reif für die nachfolgende Signalverknüpfung (z. B. *Wütend*).

Hier ist das Einfangen der Bewegungsfeinheiten von großer Wichtigkeit.

Schäm dich!

Mögliche Zuschauer schmelzen oftmals regelrecht dahin, wenn diese Geste im passenden Moment gezeigt wird.

Ziel

Bringen Sie Ihrem Hund bei, sich mit einer Vorderpfote über den Augenbogen zu wischen oder sich die Pfote über ein Auge zu halten – so, als ob er sich in Scham hinter der Pfote verbergen wollte.

Infos

Leichtes Spiel haben Sie, wenn Sie für den Übungsaufbau den Clicker als Hilfsmittel wählen.

So geht's

1. Die Übung können Sie entweder frei formen oder Sie setzen ein Hilfsmittel zur Unterstützung ein: Hierzu eignet sich beispielsweise ein kleiner Streifen von nur mäßig stark klebendem Klebeband, den Sie dem Hund nah ans Auge kleben. Die meisten Hunde versuchen sofort, sich diesen Fremdkörper mit der Pfote abzustreifen.
2. Sobald der Hund also mit seiner Pfote in Richtung Auge angelt, gilt es zu clicken und den Hund zu belohnen.
3. Festigen Sie diese Übung durch etliche Wiederholungen gut, bevor Sie das Kommando *Schäm dich!* einführen.

Variante

Aus der Übung Schäm dich! können Sie auch eine Variante ableiten, bei der sich der Hund mit beiden Vorderpfoten gleichzeitig die Augen verdeckt. Trainieren Sie die Grundübung zunächst mit beiden Pfoten und dehnen Sie danach noch schrittweise die Zeitdauer des Schämens aus, bevor Sie sie auf Signal setzen (z. B. *Versteck dich!*).

Rechte Seite oben: Ein kleiner Klebezettel leistet zu Anfang als Hilfsmittel gute Dienste.

Rechte Seite unten: Versteck dich! Hier müssen beide Pfoten länger in der Position gehalten werden.

Handwerkstalent

Vor allem im Geschicklichkeits- und „Handlanger"-Bereich gibt es unzählige Möglichkeiten für den Pfoteneinsatz.

Ziel

Manche Hunde beweisen ein besonderes Geschick mit den Pfoten und lernen sehr schnell, wozu sie sie einsetzen können.

Infos

Mittels Targetaufbau gelingt es leicht, dieses Geschick in kontrollierte Bahnen zu lenken.

So geht's

1. Führen Sie Ihren Hund schrittweise an die jeweilige Herausforderung heran, wie es auch in den anderen Handarbeitsübungen bereits beschrieben ist. Ihr Hund kann problemlos lernen, die verschiedensten Aufgaben mit der Pfote zu erledigen.
2. Bauen Sie jeweils etwaige Hilfestellungen ab, bevor Sie für die jeweilige Übung ein Signal einführen.

Varianten

Lassen Sie Ihren Hund einen Ball mit der Pfote rollen. Dies ist recht einfach, wenn er bereits ein Signal für das Anstoßen eines Zielobjektes mit der Pfote kennt. Halten Sie dann Ihr Zielobjekt so vor den Ball, dass Ihr Vierbeiner den Ball in Schwung bringt, wenn er das Zielobjekt und damit indirekt auch den Ball berührt. Sobald Ihr Hund diese Übung gut beherrscht, können Sie das Zielobjekt als Hilfsmittel ausschleichen und für die Übung ein eigenes Kommando (z. B. *Fußball*) einführen.

Dieselbe Übung lässt sich auch mit einem großen Schaumstoffwürfel umsetzen, den der Hund dann mittels Pfote bedient. Auch diese Übung können Sie mit einem eigenen Kommando, beispielsweise *Würfeln*, belegen.

Schubfächer oder Türen zu schließen, stellt bei gleichartigem Übungsaufbau ebenfalls keine Schwierigkeit mehr dar. Auch hier erzielen Sie den größten Effekt, wenn Sie das Hilfsmittel wieder ausschleichen und die Übung dann auf ein eigenständiges Kommando (z. B. *Schließen*) setzen. Achten Sie bei derlei Übungen stets auf die Sicherheit Ihres Hundes, damit er sich nicht die Pfoten an einem Schubfach oder einer Tür einklemmt.

Das Würfeln ist eine leicht zu erlernende Übung mit großer Wirkung bei Spielen mit der Familie.

Eine lustige Trick-Übung ist, dem Hund beizubringen, seine Vorderpfoten genau in einen Ihrer Hausschuhe zu stellen. Je nach Geschick können Sie dann auch verlangen, dass er mit den Schluppen ein paar Schritte läuft.

Wenn es Lichtschalter gibt, die Ihr Hund gut erreichen kann, ist analog zu der Übung *Schließen* das Training der Übung Licht nun fast schon ein Kinderspiel.

Turnübungen und Tricks

Fit for fun: Die hier vorgestellten Übungen zeigen verschiedene Figuren und „Turnübungen“. Sie können nur zum Spaß, zur intensiveren Beschäftigung oder im Rahmen einer kleinen privaten Vorführung bzw. einer Dogdance-Performance erarbeitet werden.

Drehen

Aus dieser Übung lassen sich durch verschiedene Variablen wie Distanz und Richtung viele Varianten ableiten.

Ziel

Sie bestimmen Raumposition und Drehrichtung. Ihr Hund vollführt dann in der angewiesenen Art eine Drehung um seine eigene Achse.

Infos

Sie können jedes Detail dieser Übung anpassen – so auch den Schwierigkeitsgrad und die Geschwindigkeit. Viele Hunde lernen diese Übung schnell und finden besondere Freude daran.

So geht's

1. Als erster Lernschritt ist oft das Locken gut geeignet. Halten Sie Ihrem Hund ein Leckerchen vor die Nase und beschreiben Sie mit diesem Lockleckerchen einen Kreis, der so groß sein muss, dass sich der Hund dem Leckerchen folgend einmal um sich selbst dreht.
2. Testen Sie einmal, ob Ihr Hund Ihrer Handbewegung folgt. Falls ja, können Sie aufgrund der extrem geringen Fehlerquelle von Anfang an das Signal für die Übung einbauen. Geben Sie das Kommando (z. B. *Drehen*), bevor Sie das Locken starten.
3. Bauen Sie in den nächsten Übungsdurchgängen Ihre Hilfestellung (Einsatz eines Lockleckerchens und das Sichtzeichen) wieder ab. Weiterhin sollte Ihr Hund jedoch nach der vollendeten Drehung ein Belohnungsleckerchen erhalten!
4. Bitte bedenken Sie: In dieser Übung lernt Ihr Hund ein konkretes Raumbild. Wenn Sie Drehungen in beide Richtungen trainieren möchten, benötigen Sie für die Drehung nach rechts und nach links zwei unterschiedliche Signale!

Wohlbefinden beachten

Schüchterne Hunde fühlen sich oftmals nicht wohl, wenn man über ihnen mit dem Arm Kreise in die Luft schreibt, denn sie werten das als Bedrohung. Durch den Einsatz eines längeren Stabs als Zielobjekt (Nasentarget-Übung) kann man körperlich mehr Abstand vom Hund halten.

Variante

Üben Sie mit dem Hund die Drehung in verschiedenen Raumpositionen, vor Ihnen, neben Ihnen oder auch aus der Bewegung des Fußlaufens oder als Abschluss einer Zurück-Übung. Dadurch, dass Sie zudem zwei Richtungen zur Auswahl haben, gibt es zahllose Möglichkeiten.

In den allerersten Durchgängen darf noch mit einem Lockmittel gearbeitet werden.

Umrunden

Je nach Schwierigkeitsgrad kann das Umrunden ein wertvolles Trainingselement der Rubrik Führigkeit auf Distanz sein.

Ziel

Beim Umrunden soll Ihr Hund eine volle Runde um einen ihm angewiesenen Gegenstand laufen.

Infos

Ähnlich wie beim Drehen (s. Seite 100) können Sie diese Übung auch wunderbar mit einem Targetstab (Grundübung Nase berührt Stab) trainieren.

So geht's

1. Meist ist es recht einfach, dem Hund das Lernziel zu vermitteln: Nehmen Sie eine Belohnung, die ihn hoch motiviert mitzumachen und führen Sie ihn mit dieser Belohnung eng um das ausgewählte Objekt herum, beispielsweise einen Laternenpfahl oder im Haus etwa um eine Stehlampe.
2. Hilfreich ist es, wenn Sie in den ersten Durchgängen den Arm von hinten so um den Gegenstand legen, dass Sie Ihren Hund nahtlos eine volle Runde laufen lassen können, ohne umgreifen oder gar mitgehen zu müssen.
3. Achten Sie darauf, die Trainingssituation so zu wählen, dass der Hund keinen Fehler machen kann, was den Weg anbetrifft.
4. Belohnen Sie ihn nach jeder vollen Runde. Benennen Sie die Übung, etwa *Umrunden*, bevor Sie mit der Lockbewegung starten, aber erst, wenn Sie sicher sind, dass der Hund dem Lockmittel zuverlässig folgt.
5. Bauen Sie zeitgleich die Lockhilfe immer weiter ab, bis der Hund gut auf Ihr Sprachkommando reagiert.
6. Belohnen Sie prompte Leistung weiterhin mit attraktiven Belohnungen.

An einem Baum können Sie einen flüssigen Bewegungsablauf gut einüben.

Je flacher die Objekte sind, desto abstrakter ist die Übung für den Hund.

Das Schicken aus der Distanz um das Objekt herum gelingt nun schon problemlos.

Varianten

Stellen Sie sich mit eng geschlossenen Beinen hin und lassen Sie den Hund Ihre Beine umrunden. Wenn Sie sich gegenläufig drehen, während Ihr Hund Sie umrundet, entsteht ein toller Show-Effekt.

Bauen Sie schrittweise mehr Distanz zum Gegenstand auf, um den Sie Ihren Hund schicken möchten und/oder wählen Sie nach und nach immer dickere oder flachere Objekte wie Pfützen. Letzteres fällt Hunden oftmals schwer, denn es ist für sie recht abstrakt.

Schicken Sie Ihren Hund in direkter Folge um mehrere Objekte, die Sie ihm durch Zeigen anweisen. Ideal ist es, wenn Ihr Hund bereits mit dem Richtungsschicken (siehe S. 50) vertraut ist.

Für Show-Liebhaber: Verbinden Sie die Übungen Umrunden mit dem Kommando *Apport* und lassen Sie sich vom Hund mit einem Seil umwickeln. Aus dieser Übung können Sie so eine kleine Performance ableiten, in der Ihr Hund einen „Bösewicht" an den Marterpfahl bindet oder Sie vom Marterpfahl befreit.

Rückwärts Umrunden

Im Rückwärtsgang ein Objekt zu umrunden, ist ein tolles Kunststück. Die Begeisterung Ihrer Zuschauer ist garantiert.

Ziel

In dieser Übung soll sich Ihr Hund rückwärts 360° um ein angewiesenes Objekt oder auch um Ihre Beine drehen.

Infos

In dieser Übung sind eine gute Beweglichkeit im Rücken und ein enges Vertrauensverhältnis zu Ihnen wichtige Grundvoraussetzungen für ein gutes Gelingen.

So geht's

1. Basteln Sie sich ein kleines Begrenzungsvier- oder -sechseck um das Objekt Ihrer Wahl (das auch Sie selbst sein können). Diese Begrenzung sollte so groß sein, dass der Hund theoretisch gerade Platz hat, das Objekt zu umrunden, aber trotzdem möglichst „luftig" wirken. Dann kann diese Hilfestellung im zweiten Lernschritt schneller abgebaut werden.
2. Lassen Sie dem Hund ein bisschen Zeit, sich an dieses Hilfsmittel zu gewöhnen.
3. Verleiten Sie ihn mithilfe eines Lockleckerchens oder einem Nasentarget-Stab rückwärtszugehen, indem Sie ihn ein wenig damit „bedrängen". Nach einem kleinen Schritt sollte er bereits an die Begrenzung anstoßen. Ziel ist, dass er wegen des Anstoßens seinen Po einschlägt und schräg weiterläuft. Clicken Sie bzw. belohnen Sie ihn sofort, wenn dies der Fall ist.
4. Führen Sie Ihre Aktion danach umgehend in der Hoffnung fort, ihn in dieser ersten Runde noch mehrmals belohnen zu können, bis er wieder in der Ausgangsstellung angekommen ist.
5. Bauen Sie die Hilfen schrittweise ab, wenn ersichtlich ist, dass der Hund mehr und mehr spontan seinen Po in die richtige Richtung bringt.
6. Geben Sie ihm ein Superleckerchen, wenn er beim Rückwärtslaufen besonders eng an dem Objekt (bzw. Ihrem Körper) bleibt.
7. Führen Sie das Signal (z. B. *Zirkel*) für diese Übung erst ein, wenn Ihr Hund zuverlässig den Bogen raus hat. Verlangen Sie dann die Übung ganz ohne Hilfen.

Die räumliche Begrenzung erleichtert den Einstieg in die Übung.

Rückwärts durch die Beine

Hier ist Zielgenauigkeit gefordert! Der Schwierigkeitsgrad kann vor allem über die Distanz gesteuert werden.

Ziel

Der Hund läuft hier (ggf. aus einer größeren Distanz) gradlinig durch Ihre gegrätscht aufgestellten Beine.

Infos

Diese stets sehr eindrucksvolle Übung entstammt dem Dogdance. Aber auch als Einzelelement ist sie immer wieder ein echter Hingucker.

So geht's

1. Stellen Sie sich zum Übungsaufbau mit gegrätschten Beinen dicht hinter Ihren stehenden (oder bei großen Hunden anfangs auch sitzenden) Hund.
2. Weisen Sie ihn mit *Zurück* an, sich in Bewegung zu setzen oder „schieben" Sie ihn mit einer Belohnung vor der Schnauze zwischen Ihren Beinen hindurch, für den Fall, dass ihm die Zurück-Übung (s. Seite 72) noch nicht vertraut ist.

Mithilfe eines Lockmittels wird hier dem Hund der Bewegungsablauf vertraut gemacht.

Zunächst gilt es, vor dem Körper zu wenden, um in Position zu kommen.

3. Belohnen Sie Ihren Hund umgehend in der Grundstellung, damit er weiß, wo er hin soll.
4. Führen Sie auch in dieser Übung das Kommando (z. B. *Grätsche*) erst ein, wenn der Hund den Bewegungsablauf schon gut beherrscht. Auf diese Weise vermeiden Sie Fehler im Übungsaufbau!

Varianten

Versuchen Sie, nach und nach etwas mehr Distanz zwischen sich und Ihren Hund zu bringen. Achten Sie darauf, so zu stehen, dass Ihr Vierbeiner bei dem Versuch, zwischen Ihren Beinen hindurchzukommen, nicht gegen Ihre Beine stößt. Gleichen Sie notfalls Ihre Position an, um Ihrem Hund einen Schrecken beim Anstoßen zu ersparen.

Eine anspruchsvolle Abwandlung ist, den Hund aus der frontalen Position heraus starten zu lassen, sodass er zunächst eine 180°-Wendung vollführen muss. Helfen Sie ihm, indem Sie ihm die erforderliche Bewegung mit einem Targetstab vorgeben. Setzen Sie dann das Kommando *Grätsche* umgehend ein, wenn er Ihnen mit seinem Po zugewandt ist. Wenn dies gut gelingt, können Sie für die Wendung ein zusätzliches Signal einführen. Dies kann ein Sichtzeichen oder Sprachkommando (z. B. *Wenden*) sein.

Über immer größere Distanzen zwischen sich und Ihrem Hund können Sie die Übungen immer weiter erschweren. Auch Kombinationen mit den Kommandos *Zurück–Wenden–Grätsche* sind möglich.

Danach ist das Rückwärtsgehen durch die gegrätschten Beine des Menschen gefordert.

Mit einem seitlichen Abschluss ist der Hund direkt bereit für neue Späße.

Peng!

Manch ein Hund beweist bei dieser Übung wahres schauspielerisches Talent und fällt höchst theatralisch um.

Ziel

Ihr Hund soll sich zügig (und gerne auch kraftlos wirkend) auf die Seite legen bzw. „umfallen“, wenn er zuvor gestanden hat.

Infos

Peng! ist nicht nur ein Trick, sondern durchaus eine praktische Alltagsübung, etwa wenn Sie die Pfoten kontrollieren oder den Hund abtrocknen möchten.

So geht’s

1. Alternativ zu dem hier beschriebenem Aufbau können Sie die Übung auch sehr gut mit dem Clicker über das freie Formen oder halb-gelockt trainieren.
2. Eine Möglichkeit, dem Hund das Kommando *Peng!* zu vermitteln, ist folgende: Starten Sie die Übung, wenn Ihr Hund eine gemütliche Liegeposition eingenommen und dabei eines der Hinterbeine untergeschlagen hat.

Hier wird der Bewegungsablauf ebenfalls zunächst mit einem Lockmittel beschrieben.

Die halbe Wendung nach hinten erleichtert das Abrollen über die Schulter.

Lassen Sie ihn in dieser Position an einem Leckerchen schnüffeln.

3. Ziehen Sie dieses vor seiner Nase her, dann nach hinten, seitlich entlang des Rippenbogens Ihres Hundes und schließlich quer über den Rücken wieder nach vorne bis auf den Boden. Achten Sie darauf, diese Bewegung so langsam zu machen, dass der Hund die Nase die ganze Zeit über am Leckerchen behalten kann. Ziel ist, dass sich der Hund spontan auf die Seite fallen lässt, sobald er sich zu sehr verrenken muss, um das Leckerchen im Blick zu behalten.
4. Geben Sie dem Hund das Leckerchen, während er seitlich flach auf dem Boden liegt.
5. Führen Sie das Kommando *Peng!* als Start der Übung erst ein, wenn Sie sicher sind, dass der Bewegungsablauf gut gelingt.
6. Achten Sie auf eine besonders ruhige Endposition, aber gleichzeitig auf eine schnelle Ausführung der Handlung – das ist dann sehr effektvoll.

Varianten

Belegen Sie das seitliche Liegen auf der rechten und linken Seite mit unterschiedlichen Kommandos (z. B. *Peng!* und *Schlafen*), um Ihren Hund im Alltag gut anleiten zu können.

Anschließend muss der Kopf der Kippbewegung folgen.

Das Ziel ist eine ruhige Endposition in Seitenlage. Jetzt gibt's die Belohnung!

Rolle

Wohlbefinden ist wichtig! Diese Übung sollte daher kleinen, agilen und leicht gebauten Hunden vorbehalten sein.

Ziel

Ihr Hund soll hier, über den Rücken rollend, eine Drehung um seine Längsachse vollführen.

Infos

Im Übungsaufbau können Sie wahlweise Leckerchen oder Spielzeug als Motivationshilfen einsetzen.

So geht's

1. Das Rollen ist sehr leicht aus der Peng!-Position heraus zu erarbeiten. Dies gilt speziell, wenn in der Peng!-Übung (s. Seite 108) die Ruhe der Endposition noch nicht so stark gefestigt wurde.
2. Vermeiden Sie es, im Übungsaufbau für die Rolle das Kommando *Peng!* überhaupt zu benutzen. Locken Sie Ihren Hund stattdessen in ähnlicher Art, jedoch mit mehr Schwung und Spannung, sodass er auf den Rücken rollt und schließlich auf seiner anderen Seite zu liegen kommt oder wahlweise dort sogar wieder aufsteht.
3. Belohnen Sie ihn in der von Ihnen gewählten Endposition (liegend oder stehend).
4. Führen Sie das Kommando (z. B. *Rolle*) ein, wenn die anfangs benötigten Hilfen schon weitgehend abgebaut sind und Ihr Vierbeiner sich seiner Sache sehr sicher ist.

Nicht jederhunds Sache!

Bei dieser Übung besteht je nach körperbaulicher Veranlagung des Hundes eine gewisse Gefahr der Magendrehung! Die Übung ist daher nicht für alle Hunde geeignet! Auch Hunde mit Wirbelsäulenproblemen sollten von dieser Übung ausgenommen werden.

Für leichtgebaute Hunde eine Übung, die wirklich nach Action aussieht.

Varianten

Kombinieren Sie die Übungen Mitte (s. Seite 70) und Rolle, indem Sie Ihren Hund in der Mitte-Position liegen und dann „herausrollen“ lassen, während Sie Ihr Bein anheben. Belohnen Sie Ihren Hund zum Abschluss stehend in der jeweiligen Grundstellung rechts oder links an Ihrem Bein.

Lassen Sie den Hund zunächst auf einer dünneren Decke oder einem großen Handtuch *Peng*! machen und weisen Sie ihn an, den Zipfel der Decke mit der Schnauze zu fassen (*Halten* oder *Apport*). Verlangen Sie dann von ihm *Rolle*, sodass er sich mit der Decke zudeckt. Sollte dies anfangs nicht so gut gelingen, kann es hilfreich sein, am Deckenzipfel, den der Hund zum Zudecken festhalten muss, ein Spielzeug zu befestigen. Das Aufnehmen der Decke gelingt dann auch im Liegen viel leichter.
Wenn die ganze Übung in einem flüssigen Ablauf gelingt, können Sie für diese komplexe Handlung auch ein eigenes neues Kommando (*Gute Nacht!*) einführen, indem Sie das neue Signalwort jeweils vor die Hilfssignale setzten.

Kriechen

Kriechen ist ein tolles Kunststück für eine kleine Performance, bei Ihr Hund etwas „ausspionieren“ soll.

Ziel

Ihr Hund soll so flach wie möglich über den Boden kriechen. Konkret sollen Kopf, Schulter und Hüfte niedrig gehalten werden.

Infos

Um dem Hund das Kriechen zu vermitteln, ist der Einsatz eines Targetstabs ideal.

So geht's

1. Weisen Sie Ihren Hund an zu liegen (möglichst ohne das Signal *Platz* zu benutzen) und halten Sie den Targetstab ca. 10–15 Zentimeter vor seiner Nase auf den Boden.
2. Ermuntern Sie ihn, diesen zu berühren. Dies sollte ihm durch die geringe Distanz besonders leicht gelingen. Wenn er sich ein wenig nach vorne reckt, belohnen Sie diese Handlung umgehend.
3. Ziehen Sie den Targetstab dann ganz langsam vor dem Hund weg und belohnen Sie weiterhin jede korrekte Bewegung. Bei einem langsamen Aufbau ist die Gefahr des Aufstehens nur gering. Ihr Fokus für den richtigen

Die Wegstrecke mit dem Targetstab zu beschreiben, erleichtert den Übungsaufbau.

Moment einer Verstärkung sollte, außer im allerersten Durchgang, jedoch nicht auf der Nase Ihres Hundes, sondern auf seinen Gliedmaßen liegen. Bewegt er sich wirklich kriechend vorwärts? Falls ja, sollte ihm eine tolle Belohnung sicher sein!

4. Lassen Sie Ihr Hund je nach Größe anfangs nur etwa einen halben Meter kriechen.
5. Führen Sie das Kommando ein, wenn Ihr Hund weiß, was er tun soll und beginnen Sie dann, alle Hilfen langsam abzubauen.

Gesundheit geht vor!

Kriechen ist für Hunde sehr anstrengend. Verlangen Sie die Übung nicht von einem Hund mit Problemen im Bewegungsapparat!

Variante

Lassen Sie Ihren Hund von sich weg und beispielsweise zu einem nicht sehr weit entfernt liegenden Objekt hin kriechen.

Diener

Was für ein toller Showeffekt, wenn sich der Hund am Schluss einer Vorführung vor seinem Publikum verbeugt.

Ziel

In der Position Diener soll Ihr Hund seinen Po in die Luft strecken und den Vorderkörper abgesenkt halten.

Infos

Diener ähnelt der Bewegung, die Hunde ausführen, wenn sie sich nach vorne strecken oder zum Spiel auffordern. Da es eine Haltung ist, die viele Hunde häufiger von alleine einnehmen, kann die Übung ggf. durch die Stärkung von Spontanverhalten mit dem Clicker erarbeitet werden.

So geht's

1. Wenn sie nicht auf spontanes Verhalten warten möchten und Ihr Hund bereits mit einem Nasen-Zielobjekt und dem Clicker zuverlässig vertraut ist, können Sie die Übung auch mit diesen beiden Hilfsmitteln aufbauen. Es ist sogar meist der schnelle Weg.
2. Halten Sie Ihrem Hund den Targetstab, zwischen seinen Vorderfüßen auf den Boden und verlangen Sie die ihm bekannte Berührung mit der Nase.
3. Belohnen Sie ihn, wenn er alles richtig macht.
4. Achten Sie in den nächsten Trainingsdurchgängen darauf, das Zielobjekt immer ein klein wenig weiter bauchwärts zwischen die Vorderpfoten Ihres Hundes zu halten. Nun muss er sich nämlich verrenken, um mit der Nase noch die Berührung ausführen zu können. Hierbei nehmen die meisten Hunde automatisch kurzzeitig die Diener-Position ein.
5. Clicken Sie jede kleine Bewegung, die Ihrem Ziel näher kommt und belohnen Sie Ihren Hund jeweils nach dem Click, bis er den Diener vollständig beherrscht.
6. Bauen Sie alle noch vorhandenen Hilfestellungen ab und führen Sie dann das Kommando für die Übung ein.

Varianten

Trainieren Sie ein längeres Verharren in der Position Diener. Hilfreich für ein schnelleres Lernen ist es, dem Hund seine Belohnung (auch nach dem Click) in der gewünschten Haltung zu geben!

Lassen Sie Ihren Hund in der Position Diener etwas in der Schnauze halten, indem Sie das Kommando *Apport* mit der Diener-Übung kombinieren.

Lassen Sie Ihren Hund aus der Position Diener einen Knicks machen. Dies gelingt leicht, wenn Ihr Hund auch mit einem Pfotentarget vertraut ist.

Auch hier macht sich im Übungsaufbau der Einsatz eines Targetobjektes mehr als bezahlt.

Tanzen und Auf

Diese beiden Übungen können in vielen Varianten abgewandelt werden: Pirouetten, Walzer oder eine Polonaise ...

Ziel

Bei Tanzen und Auf soll der Hund auf seinen Hinterfüßen mit aufgerichteter Wirbelsäule stehen. Bei der Übung Auf stützt er die Vorderpfoten beispielsweise am Körper seines Besitzers ab, bei der Variante Tanzen soll er frei stehen.

Infos

Der Übungsaufbau bereitet einem gesunden Hund selten Schwierigkeiten. Für Hunde mit Problemen im Bewegungsapparat ist diese Übung hingegen nicht sehr geeignet!

So geht's

1. Verleiten Sie Ihren Hund, sich aufzustellen, indem Sie ihn mit einer Belohnung locken oder ihn mittels Targetstab dirigieren. Achten Sie darauf, dass er gut die Balance halten kann.
2. Halten Sie die Übung zunächst kurz und führen Sie das Kommando (z. B. *Auf*) ein, wenn die Bewegungen Ihren Zielvorstellungen entsprechen.

Verwirrung vermeiden!

Entscheiden Sie sich zunächst für eine der beiden Übungsvarianten. Trainieren Sie diese über mehrere Tage, bis der Hund eine sichere Verknüpfung mit der Übung hergestellt hat. Sonst kann es leicht passieren, dass der Hund Probleme hat, Tanzen und Auf zu unterscheiden.

Varianten

Versuchen Sie mit dem Hund, der sich bei *Auf* an Ihnen abstützt, ein paar Schritte zu laufen. Wenn Sie selbst zunächst rückwärtsgehen, ist dies für den Hund einfacher, aber auch das Rückwärtslaufen in der Position Auf ist möglich.

Wenn Ihr Hund groß genug ist, um stehend mindestens bis an Ihre Hüfte zu reichen, können Sie ihm vermitteln, dass er die Übung Auf auch an Ihrer Rückseite machen kann. Spielbegeisterte Hunde lassen sich hierzu leicht verleiten, indem man sich ein Spielzeug an einem Seil über die Schulter hängt. Diese Hilfe sollte jedoch wieder abgebaut werden. Führen Sie für diese Übungsvariante ggf. ein neues Signal ein, beispielsweise *Polonaise*.

Üben Sie unter dem Kommando *Tanzen*, mit dem Hund auf zwei Beinen eine kurze Strecke vorwärts- oder rückwärtszulaufen. Letzteres ist schwieriger.

Verlangen Sie von Ihrem Hund, sich in der Position Tanzen zu drehen. Im Übungsaufbau können Sie als Hilfsmittel hier wieder wunderbar den Targetstab (Nasentarget) einsetzen.

Geschickte Springer mit geringer Körpermasse können schadlos in dieser Position auch einen kleinen Hopser auf zwei Beinen machen. Diese Übung lässt sich besonders effizient mit dem Clicker trainieren. Verleiten Sie den Hund zu diesem Sprung, indem Sie ihm eine besondere Belohnung in Aussicht stellen, die Sie etwas höher als seine Nase halten (oder das Kommando *Hopp* einsetzen, sofern es im bereits zuvor bekannt ist). Clicken Sie möglichst genau den Sprung an und belohnen Sie Ihren Hund noch in der aufrechten Position, bevor Sie die Übung auflösen.

Lassen Sie den Hund *Auf* an einem Wägelchen machen, das er dann schieben kann. Gestalten Sie die Übung anfangs nicht zu schwierig. Der Hund soll nie unter einem Gefühl der Unsicherheit leiden.

Mit einer kleinen Tanzeinlage sollte Ihnen und Ihrem Hund der Applaus sicher sein.

Männchen

Fast alle früheren Hundestars aus Film und Fernsehen haben ein großes Publikum mit dieser Übung begeistert.

Ziel

Ihr Hund soll aus dem Sitzen heraus die Vorderpfoten vom Boden wegnehmen und in die Luft halten. Dies kann er entweder mit nach oben gestreckten Beinen tun (s. Übung Seite 86) oder wie ein aufrecht sitzendes Häschen.

Infos

Männchenmachen zählt zu den Klassikern des Trick-Trainings, speziell bei kleineren Hunden. Der Aufbau der Übung kann über das Locken erfolgen.

So geht's

1. Halten Sie Ihrem sitzenden Hund oberhalb seiner Schnauze etwas von ihm Begehrtes hin und schieben Sie dieses Lockmittel ein klein wenig nach hinten über den Kopf des Hundes.
2. Achten Sie darauf, dass Ihr Hund nicht aufsteht.
3. Belohnen Sie ihn sofort, wenn er die Vorderfüße vom Boden abhebt und sich sitzend aufrichtet.
4. Feilen Sie dann (ggf. unter Einsatz des Clickers) an der von Ihnen gewählten Pfotenhaltung und führen Sie das Kommando ein (z. B. *Männchen*), wenn Ihr Hund die Haltung zuverlässig einnimmt und diese Position auch einige Sekunden halten kann.

Variante

Sie können für eine unterschiedliche Pfotenhaltung auch unterschiedliche Kommandos einführen. Ein nettes Kommando für das Hochstrecken der Pfoten in die Luft ist beispielsweise: „Hast du saubere Füße?" Anders als bei der Position Bitte müssen die Beine hier nicht nah beieinander gehalten werden.

Rechte Seite: Ein klassisches Kunststück, mit dem man immer noch große und kleine Zuschauer begeistern kann.

Schnauzen-Gags

Hunde können ihre Schnauze absolut zielgerichtet einsetzen, sodass sich tolle Gags trainieren lassen.

Ziel

Gib Küsschen ist der Klassiker aus dieser Kategorie. Der Hund soll Ihre Wange oder Hand mit der Schnauze anstupsen.

Infos

Unter Einsatz eines Targets gelingt der Übungsaufbau spielend leicht. In diesem Fall soll Ihr Hund das Zielobjekt wahlweise mit der Nase antippen.

So geht's

1. Zunächst wird die entsprechende Endhandlung am Targetobjekt aufgebaut.
2. Dann erarbeiten Sie mittels Target, das eigentliche Ziel (Hand oder Gesicht) ganz präzise anzusteuern.
3. Falls Ihr Hund das Anstupsen eines Targetstabs schon unter Signal kennt, können Sie dies ausnutzen. Hierbei spielt die Reihenfolge der Signale eine wichtige Rolle. Sagen Sie zuerst *Gib Küsschen* und dann Ihr Anstupsen-Kommando. Lassen Sie Letzteres weg, wenn Ihr Hund schon beim neuen Kommando die Handlung ausführt.
4. Der letzte Schritt besteht in diesem Fall im Abbau des Hilfsmittels.

Varianten

Beim „Flüstern“ soll der Hund mit der Nase das Ohr des Besitzers berühren und dort einen Moment verharren. Auch diese Übung ist schnell aufgebaut, wenn der Hund bereits zuvor gelernt hat, einen Targetstab mit der Nase zu berühren. Wichtig ist hier jedoch auch, zusätzlich die Zeit ein wenig auszudehnen, die der Hund seine Nase an Ihrem Ohr belassen soll. Sobald Sie mehrere Sekunden erreicht haben, können Sie Ihr Kommando einführen und gleichzeitig die Hilfe mit dem Targetstab abbauen. Ein lustiges Kommando für eine kleine Vorführung ist: „Dann sag's mir halt ins Ohr!“ Nachdem Ihr Hund Ihnen „etwas ins Ohr gesagt hat“, bleibt es Ihnen überlassen, was auch immer Sie dann den umstehenden Menschen wiedergeben ...

Rechte Seite: Sie werden alle Lacher auf Ihrer Seite haben, wenn Ihr Hund Ihnen etwas ins Ohr „sagen“ kann.

Service

Buchtipps

del Amo, C.: Abenteuer für Hunde. Spiel und Spaß unterwegs. Verlag Eugen Ulmer, Stuttgart, 2011

del Amo, C.: Spielschule für Hunde. 117 Tricks und Übungen. Verlag Eugen Ulmer, Stuttgart, 2011

del Amo, C. / Theby, V.: Handbuch für Hundetrainer. Verlag Eugen Ulmer, Stuttgart, 2014

Sondermann, C.: Einfach schnüffeln! Nasenspiele für den Hundealltag. Verlag Eugen Ulmer, Stuttgart, 2011

Weiß, C.: Hundespiele für unterwegs. Denksport, Tricks und Spiele. Verlag Eugen Ulmer, Stuttgart, 2015

Klicks im WWW

www.lupologic.de
Auf dieser Seite finden Sie Infos zum Thema Hund sowie die Liste aller aktuellen Vorträge, Seminare oder Workshops mit der Autorin.

www.vet-text-manufaktur.de
Wenn Sie weitere Trainingsanleitungen und Infotexte suchen, werden Sie hier fündig – aus tierärztlicher Feder, unter anderem von der Autorin erstellt.

Bildquellen

Alle Fotos im Innenteil sowie auf der Titelseite stammen von Heike Schmidt-Röger.

Haftungsausschluss

Dank der Autorin

Mein herzlichster Dank geht an die Fotografin und alle zwei- und vierbeinigen Models, die für die Bebilderung so unermüdlich geübt und gearbeitet haben und dabei immer gut gelaunt und geduldig geblieben sind.

Dank der Fotografin

Ich danke ganz herzlich meinen wunderbaren Models Abby, Bruno, Koa, Mio, Mojo, Sammy, Shiva und ihren Zweibeinern. Mein besonderer Dank geht an Annelore Sippekamp aus Rabenau mit ihrer Hundeschule „Hund im Sinn" (www.hund-im-sinn.de). Ihr habt alles gegeben und mich immer wieder mit eurem Talent, eurem Engagement, eurer Ausdauer und eurer guten Laune begeistert. Die Fotoaufnahmen mit euch waren die reine Freude.

Impressum

Bibliografische Information der Deutschen Nationalbibliothek
Die Deutsche Nationalbibliothek verzeichnet diese Publikation in der Deutschen Nationalbibliografie; detaillierte bibliografische Daten sind im Internet über http://dnb.d-nb.de abrufbar.

Wollgrasweg 41, 70599 Stuttgart (Hohenheim)
E-Mail: info@ulmer.de
Internet: www.ulmer-verlag.de

Lektorat: Gabi Franz, Denise Anders
Herstellung: Martina Gronau
Umschlagentwurf: Verlag Eugen Ulmer
Innenlayout und DTP: Atelier Reichert, Stuttgart
Druck und Bindung: Firmengruppe APPL, aprinta druck, Wemding
Printed in Germany

ISBN 978-3-8001-0381-2

Für mehr Spaß im Hundealltag

In diesem Buch finden Sie zahlreiche Hundespiele, mit denen Sie Ihren Hund zu Hause so auslasten können, dass er danach glücklich und zufrieden in seinem Körbchen schlummert. Die Hundespiele werden Schritt für Schritt erklärt und Sie sehen auf einen Blick, wie hoch der Zeitaufwand und der Schwierigkeitsgrad des Spiels sind und wie viel Platz Sie dafür benötigen.

Hundespiele für zu Hause. Denksport, Tricks und Spiele. Anja Jakob. 2013. 80 Seiten, 81 Abbildungen, geb. ISBN 978-3-8001-7971-8.

Kostenlose Hundespiele für draußen gesucht? Hier werden Sie fündig! Dieses Buch stellt zahlreiche Beschäftigungsspiele für jeden Hund und jedes Gelände vor: von Praktischem für die tägliche Hunderunde, über olympiareife Bewegungsspiele, trickreiche Kunststücke bis hin zu kniffliger Nasenarbeit – hier ist für jeden was dabei. Mit praktischen Schritt für Schritt-Anleitungen, tollen Fotos und vielen Tipps.

Hundespiele für unterwegs. Denksport, Tricks und Spiele. Cordula Weiß. 2015. 80 Seiten, 78 Farbfotos, geb. ISBN 978-3-8001-6933-7.

Ulmer www.ulmer.de